IMIシリーズ:
進化する産業数学

1

九州大学マス・フォア・インダストリ研究所 編
編集委員 福本康秀・佐伯 修・西井龍映・小磯深幸

確率的シミュレーションの基礎

手塚 集 著

近代科学社

◆ 読者の皆さまへ ◆

平素より，小社の出版物をご愛読くださいまして，まことに有り難うございます．

㈱近代科学社は1959年の創立以来，微力ながら出版の立場から科学・工学の発展に寄与すべく尽力してきております．それも，ひとえに皆さまの温かいご支援があってのものと存じ，ここに衷心より御礼申し上げます．

なお，小社では，全出版物に対してHCD（人間中心設計）のコンセプトに基づき，そのユーザビリティを追求しております．本書を通じまして何かお気づきの事柄がございましたら，ぜひ以下の「お問合せ先」までご一報くださいますよう，お願いいたします．

お問合せ先：reader@kindaikagaku.co.jp

なお，本書の制作には，以下が各プロセスに関与いたしました：

- 企画：小山　透
- 編集：大塚浩昭
- 組版：藤原印刷 (LaTeX)
- 印刷：藤原印刷
- 製本：藤原印刷 (PUR)
- 資材管理：藤原印刷
- カバー・表紙デザイン：川崎デザイン
- 広報宣伝・営業：冨髙琢磨，山口幸治，東條風太

● 本書に記載されている会社名・製品名等は，一般に各社の登録商標または商標です．本文中の©，®，™ 等の表示は省略しています．

- 本書の複製権・翻訳権・譲渡権は株式会社近代科学社が保有します．
- **JCOPY** 〈(社)出版者著作権管理機構 委託出版物〉
  本書の無断複写は著作権法上での例外を除き禁じられています．
  複写される場合は，そのつど事前に(社)出版者著作権管理機構
  （電話 03-3513-6969, FAX 03-3513-6979, e-mail: info@jcopy.or.jp）の許諾を得てください．

「IMI シリーズ：進化する産業数学」

刊行にあたって

　「マス・フォア・インダストリ」とは純粋数学・応用数学を流動性・汎用性をもつ形に融合再編しつつ産業界からの要請に応えようとすることで生まれる，未来技術の創出基盤となる数学の研究領域である．従来は，物理，化学，生物学などの科学を介して，それらを記述する言語として，数学が技術と結びつくのが普通であった．IoT 時代にあっては，数学が技術と直接結びつくようになった．

　2006 年 5 月に発表された文科省科学技術政策研究所報告書「忘れられた科学——数学」では，欧米の先進国に比べて，我が国における，数学と産業界や諸科学分野との連携の取組みが大きく遅れていることが指摘された．しかるに，欧米諸国，近隣の中国や韓国，そしてインドは数学の重要性を認識し，国家として数学の教育と研究支援に乗り出していた．そのような状況のもと，当時の九州大学大学院数理学研究院の若山正人研究院長（現九州大学理事・副学長）を中心として，文部科学省グローバル COE プログラム（2008–2012 年度）を立案する中で発想したのがマス・フォア・インダストリである．この活動を本格化するため，2011 年 4 月，数理学研究院を分割改組して，マス・フォア・インダストリ研究所 (IMI: Institute of Mathematics for Industry) が誕生した．

　産業数学は英語では一般に 'Industrial Mathematics' をあてるが，欧米では学会名に 'Mathematics in Industry' を用いている．'Mathematics for Indusry' は案外見当たらない．欧米では，産業数学は専ら応用数学分野を指す．マス・フォア・インダストリと片仮名を用いるのは，応用数学に加えて，純粋数学分野をも産業技術開発に巻き込もうという意図がある．数学は自由である．柔軟である．発端が実際の問題であるにせよ好奇心からであるにせよ，そこから解き放たれ，想像の柔らかい羽を自由にのばすことによって，壮麗で精緻な世界を築き上げてきた．美しい様式はしばしば力強い機能を併せ持つ．コンピュータの進化はその機能実現を可能にする．暗号など情報セキュリティ技術は数論に，われわれの体内の様子を 3 次元的に映し出すことがで

きる CT スキャンや MRI は，ラドン変換など積分幾何学・表現論に基礎をおく．産業界は問題の宝庫である．開発現場の生の要請をフィードバックすることによって数学の世界をより豊かにしたい，マス・フォア・インダストリにはこのような願いが込められている．

ディープラーニング (AI) の登場は現代社会や産業のありようを一変させつつある．ドイツが官民を挙げて取り組む「Industry 4.0（第 4 次産業革命）」が世界を席巻している．我が国でもこれに呼応した動きは急で，第 5 期科学技術基本計画（2016–2021 年度）では「超スマート社会 (Society 5.0)」実現が構想され，それを横断する基盤技術としての数学・数理科学の振興が謳われている．もの作り現場においては，要素技術の開発だけでは立ち行かなくなり，ビッグデータを操作して最適化し，それを利活用するための大がかりなシステム作りに重心がシフトしつつある．第 4 次産業革命はコト（サービスや概念）の生産革命で，概念操作を表現する数学が表舞台に躍り出るようになった．

マス・フォア・インダストリは，今求められる問題解決にあたると同時に，予見できない未来の技術イノベーションを生み出すシーズとなるよう数学を深化させる．逆に，産業界から新たな問題を取り込んで現代数学の裾野を広げていく．さらに，社会科学分野にも翼を広げている．巨大システムである社会を扱う諸分野において数学へのニーズが高まっている．

本シリーズは，この新領域を代表する分野を精選して，各分野の最前線で活躍している研究者たちに基礎から応用までをわかりやすく説き起こしてもらい，使える形で技術開発現場に届けるのが狙いである．読者として，大学生，大学院生から企業の研究者まで様々な層を想定している．現場から刺激を得ることが異分野協働の醍醐味である．それぞれに多様な形で役立てていただき，本シリーズから，アカデミアと産業界・社会の双方的展開が新たに興ることを願ってやまない．

編集委員　福本康秀

佐伯　修

西井龍映

小磯深幸

はじめに

　恒例のDagstuhl Seminarを一ヵ月後に控えた2015年8月24日，Columbia大学Computer Science学科のJoseph F. Traub先生が83歳でご逝去されました．謹んで哀悼の意を表します．20年以上にわたる先生の学恩に感謝する目的で本書をまとめました．全3部から構成されていますが，第3部が中心部分になります．最近日本でもようやく東大を中心に優秀な若手研究者が何人も現れ，第3部で紹介する分野に関連した優れた論文を発表しておられます．彼らに刺激され，新たにこの分野について勉強してみたいと考えている人たちの理解を助けるために第1部，第2部を加えました．

　本書で扱っている分野は英語では"stochastic simulation"と呼ばれています．ただし，計算物理の世界では歴史的な背景から"Monte Carlo simulation"のほうが広く使われているようです．かつてはstochasticの訳として「蓋然(がいぜん)」という語が使われていたようですが，今日ではprobabilisticの訳と同じ「確率的」という語が使われています．ただし，これも「確率論的」と訳される場合もあり，人それぞれの日本語に対するこだわりが反映しているようです．いずれにしても，stochastic simulationと呼ばれる分野では「偶然としか思えない現象や出来事に対して，コンピューター上で確率的なモデルをつくり，乱数を用いてシミュレーションする」ことが主要なテーマになっています．

　第1部では「ランダマイゼーション」を取り上げます．将来，量子コンピューターが実用化されれば大きく変わるかもしれませんが，現在使われているコンピューターでは，すべての命令の入出力関係が一意に定まっているため，確率的な要素は一切含まれていません．そして，コンピュータープログラムはそれらの命令の組合せであることから，確率的な要素はどこにも含まれておらず，何度それを動かしても常に同じ結果が得られることになります．したがって，コンピューター上で「ランダマイゼーション」を実現することは原理的に不可能です．そういう理解のもとで，この第1部を読んでいただければと思います．

　第2部は「デランダマイゼーション (derandomization)」がテーマです．こ

の言葉は一般にはあまり馴染みがないかもしれませんが，計算機科学では重要なテーマであり広く使われています．英語の「de」は，日本語では「脱」とか「反」の意味であり「ランダマイゼーションを取り除く，あるいは使わずに何とかする」というような意味です．この分野は理論的には整数論に起源があり，さまざまな面白い問題が研究されています．その中でもシミュレーションに関連したテーマが「超一様分布列 (low-discrepancy sequences)」です．この言葉は，文字どおり，非常に一様に分布する無限点列を意味しています．20 世紀に入ってから急速に発展してきた解析数論の一分野です．最近のホットな研究について紹介します．

　第 3 部では，Traub 先生が同僚の Woźniakowski 教授とともに創始された Information-based complexity (IBC) と呼ばれる分野が主題です．初めに，実社会で使われている「確率的シミュレーション」の例として，金融計算の問題を紹介します．具体的には金融派生商品（デリバティブ）の価格計算に関するものであり，数学的には「高次元積分問題」として表現されます．「積分」は Archimedes 以来の長い歴史と伝統を持つ数学の主要な研究テーマであり，また科学技術計算の分野でも頻繁に登場し，実社会で広く用いられている数学的概念でもあります．コンピューター上で積分を数値的に計算する場合の計算時間は少なくともどのくらいかかるのか？　その意味で最適なアルゴリズムはどのようなものか？　といった研究をする分野が IBC です．この分野の概要と最近の成果について紹介したのち，「デランダマイゼーション」がシミュレーションの高速化につながるという話題について詳しく述べようと思います．

2017 年 11 月

著者

目 次

はじめに iii

第 I 部　ランダマイゼーション　1

1　二つの具体例
- 1.1　カードをシャッフルするとランダムになるか？ 3
- 1.2　曲線の長さを任意の精度で測るには 10

2　一様乱数の生成
- 2.1　擬似乱数とは 21
- 2.2　線形合同法 24
  - 2.2.1　ラティス構造とスペクトル検定 27
  - 2.2.2　周期の大きな線形合同法 36
- 2.3　GFSR 法 44
  - 2.3.1　線形合同法の多項式版 48
  - 2.3.2　GFSR 乱数のラティス構造 60
  - 2.3.3　Mersenne Twister とその改良 63

第 II 部　デランダマイゼーション　69

3　ディスクレパンシー理論の背景
- 3.1　組合せディスクレパンシーとは 71

		3.1.1	デランダマイゼーションの例	73

- 3.1.2 van der Waerden の定理 77
- 3.2 一様分布論と幾何ディスクレパンシー 79
  - 3.2.1 van der Corput 列 81
  - 3.2.2 van der Corput の予想 83

4 幾何ディスクレパンシー

- 4.1 Great Open Conjecture 85
- 4.2 超一様分布列の構成法 89
  - 4.2.1 Halton 列 90
  - 4.2.2 Sobol' 列 91
  - 4.2.3 Faure 列 94
  - 4.2.4 一般化 Niederreiter 列 95
  - 4.2.5 Halton 列の多項式版 98
- 4.3 多重基底 (t, e, s) 列とそのディスクレパンシー 103
  - 4.3.1 多重基底 (t, e, s) 列とは 103
  - 4.3.2 ディスクレパンシーの上界 105
- 4.4 いくつかの興味深い話題 113
  - 4.4.1 多項式 Halton–Atanassov 列 113
  - 4.4.2 多項式 Halton–Fibonacci 列 116
  - 4.4.3 多項式 Kronecker 列 119
  - 4.4.4 下界に関する話題 123

第 III 部　IBC と高次元積分　　125

5 金融計算と高次元積分

- 5.1 デリバティブの価格計算 129
- 5.2 「次元の呪い」とモンテカルロ法 132
- 5.3 Information-based complexity (IBC) 141
  - 5.3.1 一次元積分問題の例 141
  - 5.3.2 IBC の一般的定式化 145

	5.3.3 高次元積分問題の計算複雑性	152
	5.3.4 Koksma–Hlawka の定理の一般化	161

6 理論構築の試み

    6.1 Sobol' の理論 165
    6.2 実効次元 (effective dimension) 171
    6.3 Tractability 理論 176
        6.3.1 重みつきディスクレパンシー 177
        6.3.2 積形式の重み 179
        6.3.3 有限オーダーの重み 182
        6.3.4 重みをつけなくても tractable になる例 186

7 ひとつの未解決問題

    7.1 Black–Scholes モデル 189
    7.2 シミュレーション結果 191

参考文献　　　　　　　　　　　　　　　　　　　　　　193

索　引　　　　　　　　　　　　　　　　　　　　　　　200

第Ⅰ部

ランダマイゼーション

1 二つの具体例

　ここでは，ランダマイゼーションの具体例として二つの話題を取り上げる．最初に，ランダマイゼーションそのものをどう実現するかをトランプカードのシャッフルを例に説明する．次にランダマイゼーションの応用例として，曲線の長さを任意の精度で求めるという「Buffon の麺」と呼ばれる問題を紹介する．

1.1 カードをシャッフルするとランダムになるか？

　トランプカードのシャッフルのなかでももっともよく見かけるのがリフル・シャッフルである．これは，カードデッキを二つに分けて左右の手で持ち，下のカードから順番に交互に混ぜていくというもので，マジシャンがよく使っているシャッフルである．ここでは，N 枚のカードをシャッフルすることを考える．そして，N 枚のカードの並び方の一つひとつを各状態と考えることにする．したがって，全状態数は $N!$ になる．すべての状態の中から等確率（一様）でランダムにある一つの状態が選ばれることになればカードの並び方はランダムであるという．シャッフルをなんども繰り返すことにより，状態の確率分布が一様分布に収束すれば，カードは等確率ランダムにシャッフルされたことになる．ここでは，2 通りのリフル・シャッフルを取り上げて解析してみることにする．以下，簡単のため N 枚のカードに $1, 2, ..., N$ と番号が振ってあるとし，シャッフルする前の最初の並び方は，上から順に $1, 2, ..., N$ と整列しているものとする．

　最初の例は，パーフェクト・シャッフルである．以下，N は偶数とする．このシャッフルでは，まずカードデッキを正確に上半分と下半分に分け，それぞれを左右の手で持つ．そして，一番下のカードから左右 1 枚ずつ交互に混ぜていくのであるが，右から始めるか左から始めるかで二つの可能性がある．

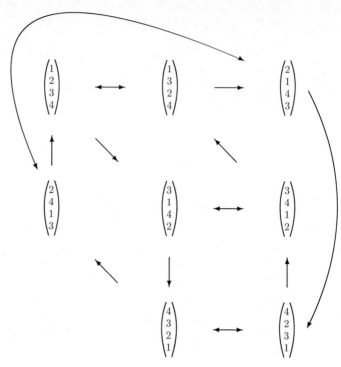

図 1.1　パーフェクト・シャッフルの状態遷移 ($N = 4$)

これを等確率 (1/2) でランダムに行うものと仮定する．さて，このパーフェクト・シャッフルを繰り返し行うことで，ランダムなカードデッキが得られるだろうか？　言い換えると，「N 枚のカードのすべての並び方（総数 $N!$）から，等確率 ($1/N!$) でランダムにどれか一つの並び方が選ばれる」と同じことが実現できるだろうか？　それが問題である．

　図 1.1 に示したのは，$N = 4$ の場合にパーフェクト・シャッフルによって実現可能なカードの並び方である．この場合，全部で 8 通りしか現れていない．一方，すべての並び方（順列）は $4! = 24$ なので，これではランダムなカードデッキは到底実現できない．一般に，N が任意の偶数（ただし 4 以上）のとき，実現可能なカードの並び方の総数が $N!$ よりずっと小さくなることが証明できるので，結局パーフェクト・シャッフルを何回繰り返してもランダムなカードデッキは得られないことになる．

　次に，Gilbert と Shannon が考えたリフル・シャッフルのモデル [1]（以下，Gilbert–Shannon シャッフルと呼ぶことにする）を紹介しよう．まず，リフル・シャッフルは 2 段階の操作からなっていることに注目したい．初めはカー

表 1.1 Gilbert–Shannon シャッフルの例 ($N=3$)

カット (−) の位置	$\begin{pmatrix} \overline{1} \\ 2 \\ 3 \end{pmatrix}$			$\begin{pmatrix} 1 \\ \overline{2} \\ 3 \end{pmatrix}$			$\begin{pmatrix} 1 \\ 2 \\ \overline{3} \end{pmatrix}$			$\begin{pmatrix} 1 \\ 2 \\ 3 \end{pmatrix}$
確率（二項分布）	$\frac{1}{8}$			$\frac{3}{8}$			$\frac{3}{8}$			$\frac{1}{8}$
シャッフルの結果	$\begin{pmatrix} 1 \\ 2 \\ 3 \end{pmatrix}$	$\begin{pmatrix} 1 \\ 2 \\ 3 \end{pmatrix}$	$\begin{pmatrix} 2 \\ 1 \\ 3 \end{pmatrix}$	$\begin{pmatrix} 2 \\ 3 \\ 1 \end{pmatrix}$	$\begin{pmatrix} 1 \\ 2 \\ 3 \end{pmatrix}$	$\begin{pmatrix} 1 \\ 3 \\ 2 \end{pmatrix}$	$\begin{pmatrix} 3 \\ 1 \\ 2 \end{pmatrix}$	$\begin{pmatrix} 1 \\ 2 \\ 3 \end{pmatrix}$		
確率（一様分布）	$\frac{1}{8}$	$\frac{1}{8}$	$\frac{1}{8}$	$\frac{1}{8}$	$\frac{1}{8}$	$\frac{1}{8}$	$\frac{1}{8}$	$\frac{1}{8}$		

ドデッキを上部と下部の二つに分割してそれぞれを左右の手に持つという操作である．これをカットと呼んでいる．次に左右のデッキを混ぜて一つにする操作である．これは**インターリーブ**と呼ばれる．この場合に重要なことは，左右の手にあるそれぞれのカードデッキ内のカードの上下関係は変えずに，その隣り合うカードの間に，もう一方の手にあるカードを何枚か挿入していくことである．Gilbert と Shannon は，カットに対して二項分布を，インターリーブに対しては一様分布を確率モデルとしてあてはめた．具体的には，次のようになる．N 枚のカードが k 枚と $N-k$ 枚に分かれる確率を $\binom{N}{k}/2^N$ とするのである．ここで，$0 \leq k \leq N$ とする．このモデルでは，$k=0$ および $k=N$ の場合も非常に小さい確率ではあるが起こりうると考えている．「インターリーブが一様分布」とは次の意味である．まず k 枚と $N-k$ 枚のカードデッキを混ぜるときの混ぜ方は全部で $\binom{N}{k}$ 通りあることに注意したい．この混ぜ方一つひとつが等確率（つまり $1/\binom{N}{k}$）で起こるとするのである．したがって，シャッフルは全部で 2^N 通りあり，それぞれの起きる確率は一様分布

$$\frac{\binom{N}{k}}{2^N} \times \frac{1}{\binom{N}{k}} = \frac{1}{2^N}$$

となる．表 1.1 に $N=3$ の例を示している．また，表 1.2 には同じく $N=3$ のときに，Gilbert–Shannon シャッフルを 3 回繰り返した場合が示されている．全部で 6 通りある並び方が現れる確率が変わっていく様子がわかる．

この Gilbert–Shannon のモデルを使うといろいろな性質を数学的に調べることができる．まず誰でも知りたいことが，

表 **1.2** Gilbert–Shannon シャッフルによりそれぞれの並び方が現れる確率

カードの並び方	$\begin{pmatrix}1\\2\\3\end{pmatrix}$	$\begin{pmatrix}1\\3\\2\end{pmatrix}$	$\begin{pmatrix}2\\1\\3\end{pmatrix}$	$\begin{pmatrix}2\\3\\1\end{pmatrix}$	$\begin{pmatrix}3\\1\\2\end{pmatrix}$	$\begin{pmatrix}3\\2\\1\end{pmatrix}$
シャッフル 1 回	$\frac{1}{2}$	$\frac{1}{8}$	$\frac{1}{8}$	$\frac{1}{8}$	$\frac{1}{8}$	0
シャッフル 2 回	$\frac{5}{16}$	$\frac{5}{32}$	$\frac{5}{32}$	$\frac{5}{32}$	$\frac{5}{32}$	$\frac{1}{16}$
シャッフル 3 回	$\frac{15}{64}$	$\frac{21}{128}$	$\frac{21}{128}$	$\frac{21}{128}$	$\frac{21}{128}$	$\frac{7}{64}$

「この Gilbert–Shannon シャッフルを繰り返すとランダムなカードデッキを手に入れることができるだろうか」

という疑問である．これに答えるのが Gilbert–Shannon の定理である[1]．この定理によれば，表 1.2 の例においても，シャッフルを無限回繰り返せば，すべての並び方について確率が 1/6 に収束することがいえる．定理を述べる前に少し準備が必要になる．

まず，Gilbert–Shannon シャッフルを一般化した a-シャッフルについて述べよう．a は 2 以上の整数で，$a = 2$ のときが Gilbert–Shannon シャッフルに対応している．もし，人間の手が a 本あれば実行可能なシャッフルである．具体的には以下のようになる．まず，カットではカードデッキを上から順に a 個の部分デッキに分ける．その確率分布としては**多項分布**（正確には a 項分布）を用いる．つまり，a 個の部分デッキにそれぞれ n_1 枚，n_2 枚，…，n_a 枚のカード（ここで，$n_1 + n_2 + \cdots + n_a = N$）が含まれる確率を

$$\frac{1}{a^N}\left(\frac{N!}{n_1!n_2!\cdots n_a!}\right)$$

とするのである．ここで，

$$a^N = \sum_{\substack{0 \leq n_1,\ldots,n_a \leq N \\ n_1+\cdots+n_a=N}} \frac{N!}{n_1!n_2!\cdots n_a!}$$

であることに注意したい．そしてインターリーブは一様分布（等確率 $\frac{n_1!n_2!\cdots n_a!}{N!}$）にする．

多項分布のなかでも 2^m 項分布 ($m \geq 1$) についてその由来を説明しよう．初めに $m = 1$ であるが，これは**二項分布**であり，1 枚のコインを N 回投げ

[1] この定理を用いなくても上の疑問に答える方法はいくつかある．例えばマルコフチェインを用いる方法など．

たときに表が k 回出る確率を表している．次は $m = 2$ つまり，**四項分布**である．2 枚のコインを同時に投げれば 4 通りのパターンが現れるが，それを N 回繰り返したときにそれぞれのパターンの出現回数が，(表, 表) は n_1 回，(表, 裏) は n_2 回，(裏, 表) は n_3 回，(裏, 裏) は n_4 回（ここで，$n_1 + n_2 + n_3 + n_4 = N$) となる確率

$$\frac{1}{4^N} \left\{ \frac{N!}{n_1!(N-n_1)!} \times \frac{(N-n_1)!}{n_2!(N-n_1-n_2)!} \times \frac{(N-n_1-n_2)!}{n_3!(N-n_1-n_2-n_3)!} \right\}$$

$$= \frac{1}{4^N} \frac{N!}{n_1!n_2!n_3!n_4!}$$

が四項分布である．この確率は，

$$\frac{1}{4^N} \frac{N!}{n_1!n_2!n_3!n_4!} = \frac{1}{2^N} \frac{N!}{(n_1+n_2)!(n_3+n_4)!} \times \frac{1}{2^N} \frac{(n_1+n_2)!}{n_1!n_2!} \frac{(n_3+n_4)!}{n_3!n_4!}$$

と表せば，二項分布を 2 回適用したものになっていることがわかる．ここで，

$$\sum_{i=0}^{n_1+n_2} \sum_{j=0}^{n_3+n_4} \frac{(n_1+n_2)!}{i!(n_1+n_2-i)!} \frac{(n_3+n_4)!}{j!(n_3+n_4-j)!}$$

$$= \left(\sum_{i=0}^{n_1+n_2} \frac{(n_1+n_2)!}{i!(n_1+n_2-i)!} \right) \left(\sum_{j=0}^{n_3+n_4} \frac{(n_3+n_4)!}{j!(n_3+n_4-j)!} \right)$$

$$= 2^{n_1+n_2} \times 2^{n_3+n_4}$$

$$= 2^N$$

となることに注意したい．同様に考えれば，2^m 項分布は m 枚のコインを同時に投げることを N 回繰り返すことに対応することから，二項分布を m 回適用したものと同じことになる．結局，次の性質が導かれる．

性質 1.1.1 Gilbert–Shannon シャッフル（すなわち 2-シャッフル）を m 回行うことは，2^m-シャッフルを 1 回行うことと等価である．

次に必要となるのが**上昇列数**という考え方である．カードの並び方が一つ与えられたとき，その性質を表す一つの量である．具体的には，カードの「1」から始めて下へ向かって「2」，「3」，… と探していけるところまでいき，最後のカードが「i」だとすれば，また上にもどって今度はカードの「$i+1$」から「$i+2$」,「$i+3$」, … と同じことを繰り返す．カード「N」にたどり着いたら作業は終了である．この作業で，何回繰り返したかが「上昇列数」になる．表 1.3 に具体例を示す．この場合は上昇列数が 3 である．

表 1.3　上昇列数が 3 の例 ($N = 6$)

カードの並び	上昇列 1	上昇列 2	上昇列 3
$\begin{pmatrix} 3 \\ 4 \\ 1 \\ 6 \\ 2 \\ 5 \end{pmatrix}$	$\begin{pmatrix} * \\ * \\ 1 \\ * \\ 2 \\ * \end{pmatrix}$	$\begin{pmatrix} 3 \\ 4 \\ * \\ * \\ * \\ 5 \end{pmatrix}$	$\begin{pmatrix} * \\ * \\ * \\ 6 \\ * \\ * \end{pmatrix}$

それでは Gilbert–Shannon の定理を述べよう．

定理 1.1.2 a-シャッフルを 1 回行った結果，カードの並び方が σ となる確率は，

$$\mathbb{P}[\sigma] = \begin{cases} \dfrac{1}{a^N} \dbinom{N+a-r}{a-r} & \text{もし } a \geq r \text{ ならば} \\ 0 & \text{その他} \end{cases}$$

ここで，r は σ の上昇列数を表す．

例えば，表 1.1 のシャッフルを 3 回行ったときにカードの並び $\sigma = (1\ 3\ 2)^\top$ が得られる確率 $21/128$ は上の定理を使うと次のように計算できる．まず，先の性質から 2-シャッフルを 3 回行うことは 8-シャッフルを 1 回行うことと同じであることから，$a = 8$ である．また，カードの並び σ の上昇列数は 2 であることが定義からわかる．この例では $N = 3$ なので，上の定理から

$$\frac{1}{a^N} \binom{N+a-r}{a-r} = \frac{1}{8^3} \binom{9}{6} = \frac{21}{128}$$

が得られるのである．

Gilbert–Shannon の定理から，a が十分大きいときの様子もわかる．つまり，

$$\mathbb{P}[\sigma] = \frac{1}{N!} \frac{(N+a-r)(N+a-r-1)\cdots(a-r+1)}{a^N}$$

$$= \frac{1}{N!} \prod_{i=1}^{N} \left(1 + \frac{N-r-i+1}{a}\right)$$

と書き直すと，N, r は一定の数なので，任意の並び方 σ に対して

$$\lim_{a \to \infty} \mathbb{P}[\sigma] = \frac{1}{N!}$$

となることがわかる．上に述べた性質から，Gilbert–Shannon シャッフルを

m 回行うことは 2^m-シャッフルに等価なので，m が無限大のとき，ランダムなカードデッキが得られることが保証されるのである．

しかし，ここまでの解析では実際にシャッフルを行う立場からはあまり面白いとは言えない．「無限回繰り返せば」という部分に大きな不満が残るからである．もう少し解析を続けよう．それには，よく知られた **Birthday Paradox** が必要になる．この話は，人をランダムに 23 人以上集めるとその中に同じ誕生日の人がいる確率が半分以上になるという事実がもとになっている．まず，誕生日は全部で 365 通りある．そして，23 人の誕生日がその中で等確率ランダムに分布していると仮定する．すると全員の誕生日が異なる確率は

$$\frac{365}{365} \times \frac{364}{365} \times \cdots \times \frac{343}{365} = 0.493\ldots$$

となるのである．つまり，確率が 1/2 より小さいのである．逆に言えば，誰か同じ誕生日の人がいる確率が 1/2 より大きいことになる．365 通りも誕生日の可能性があるのに，そのうちからランダムにわずか 23 個選んだだけで同じものが選ばれてしまう確率が半分以上という事実に意外性があり，そのために「Paradox」と呼ばれているのである．さてこの事実を応用することで先の不満が解消できる．以下，

$$P_{d,k} = \frac{d}{d} \times \frac{d-1}{d} \times \cdots \times \frac{d-k+1}{d} = \frac{d(d-1)\cdots(d-k+1)}{d^k}$$

と定義しよう．ここで，$P_{d,k} = 0, d < k$, となることに注意したい．

a-シャッフルを 1 回行うときのカットの操作とは，カードデッキを a 個の部分デッキに分割することである．このとき，部分デッキのどれか一つでも複数枚のカードから成っているとどういうことが起きるだろうか？ 次の操作であるインターリーブは a 個の部分デッキをランダムに混ぜる操作であるが，複数枚のカードを含む部分デッキ内のカードの上下関係はインターリーブを行った後も変わらないという事実に注目したい．言い換えれば，部分デッキのどれか一つでも複数枚のカードを含んでいる限り，インターリーブの後に $N!$ のすべての並び方が実現することはないのである．つまり，ランダムなカードデッキが得られるための必要十分条件は，部分デッキのすべてが高々 1 枚のカードを含むことなのである．

さて，以上の考察のもとに「Birthday Paradox」を応用することになる．a 個の誕生日の可能性があるとする．そして，ランダムな N 人の誕生日がすべて異なる確率を考えよう．その確率はつまり，a-シャッフルを 1 回行うときのカットの段階で a 個すべての部分デッキが高々 1 枚のカードしか含まない確

率を意味しているのである．Gilbert–Shannon シャッフルを X 回行ったとき（つまり 2^X-シャッフルを 1 回行ったとき）にはじめて「すべての部分デッキが高々1枚のカードしか含まない」状態が得られたとする．すると X は確率変数なので，X の期待値を求めれば，Gilbert–Shannon シャッフルを平均何回行えばランダムなカードデッキが得られるかがわかる．最悪の場合には無限回かかるものでも，平均的にはもっと小さい回数でランダムになる可能性がある．実際，計算してみると

$$\mathbb{E}[X] = \sum_{m=1}^{\infty} m\mathbb{P}[X=m] = \sum_{m=0}^{\infty} \mathbb{P}[X>m] = \sum_{m=0}^{\infty} (1 - P_{2^m,N})$$

を得る．ここで，$\mathbb{P}[X>m]$ は，m 回の Gilbert–Shannon シャッフルではまだ「すべての部分デッキが高々1枚のカードしか含まない」状態になっていないという確率，すなわち $1 - P_{2^m,N}$ に等しくなることに注意したい．トランプカード ($N=52$) の場合は計算すると $\mathbb{E}[X] \approx 11.7$ となる．つまり，Gilbert–Shannon シャッフルでは平均 12 回繰り返せばランダムなカードデッキを得られることになる．

　最後に，カードのシャッフルに広く用いられているコンピューターアルゴリズムについて述べておこう．これは，「ランダム・ボトム法」といわれているもので，その名が示すとおり，「カードデッキから等確率ランダムにカードを 1 枚抜いて一番下に置く」というやり方を繰り返すのである．ただし，第 i 回目 ($i = 1, 2, ..., N$) は上から $N-i+1$ 枚のカードの中から 1 枚抜くという条件が必要になる．この方法では，必ず N 回繰り返せばランダムな並び方をしたカードデッキが常に得られる．トランプカードでは 52 回ということになる．一方，Gilbert–Shannon シャッフルでは平均 12 回で済むので，こちらのほうがよさそうに思えるが，「平均回数」が分かっているだけなので，非常に小さい確率ではあるが，運が悪いときにはいつまでたってもランダムなカードデッキにならない可能性がある．それに比べるとランダム・ボトム法では繰り返し回数は多くなるが，必ず決まった回数で終了するため実用上のメリットが高い．

1.2　曲線の長さを任意の精度で測るには

　はじめに寺尾の問題について述べよう．それは次のような問いである．

「1センチ刻みの目盛りのついた物差しを使って，まっすぐな棒の長さを，任意の精度，たとえばミクロンまで測るにはどうすればいいか？」

物差しの目盛りが1センチ刻みなら当然それを用いて測定したときの精度は1センチが限界である．それ以上の精度は不可能に思えるが，意外なことに答えは簡単で，単にデタラメに物差しをあてるだけでよいのである．図1.2を使って説明しよう．長さ4.3センチの棒があるとする．目盛りが1センチ

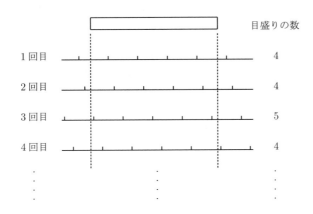

物差しをランダムにあてることを繰り返す

図 1.2 寺尾の問題

刻みの物差しをこれにランダムにあてるとどうなるか？ 二つの可能性がある．一つは棒の両端の間に物差しの目盛りが四つある場合である．この場合は「4」と記録することにする．もう一つの可能性は，棒の両端間に物差しの目盛りが五つある場合である．この場合は「5」と記録する．ランダムに何度も何度も繰り返し物差しをあてながら記録をとりつづけ，たとえば，100回記録したところで，今まで記録した100個の数を平均するのである．得られた平均値が，この棒の長さの推定値となる．

数式を使うと次のようにも説明できる．xを棒の左端とそのすぐ左にある目盛りとの距離とする．ランダムに物差しをあてるので，xは単位区間$[0,1)$内に一様分布している．$f(x)$をそのときの目盛りの数とすると，具体的には

$$f(x) = \begin{cases} 4 & \text{もし } 0 \leq x < 0.7 \text{ ならば} \\ 5 & \text{その他} \end{cases}$$

となっていることがわかる．また，棒の長さは積分を使って

$$\int_0^1 f(x)dx = 4 \times 0.7 + 5 \times 0.3 = 4.3$$

と表すことができるので，寺尾の方法でやっていることは

$$\int_0^1 f(x)dx \approx \frac{1}{N}\sum_{j=1}^N f(U_j)$$

という積分の近似計算である．ここで，$U_j, j=1,2,...,N$, は j 回目に物差しをあてたときの x の値であり，これらは単位区間 $[0,1]$ 内に一様分布する独立な確率変数と考えることができる．したがって，目盛りの数の期待値は

$$\mathbb{E}[f] \equiv \mathbb{E}[f(U)] = \int_0^1 f(x)dx$$

であり，分散は

$$\mathbb{V}[f] \equiv \mathbb{V}[f(U)] = \mathbb{E}\left[(f - \mathbb{E}[f])^2\right] = \int_0^1 \left(f(x) - \mathbb{E}[f]\right)^2 dx$$

である．そして誤差は

$$e_N(f) \equiv \int_0^1 f(x)dx - \frac{1}{N}\sum_{j=1}^N f(U_j)$$

と表せるので，その期待値と分散は

$$\mathbb{E}[e_N(f)] = 0, \quad \mathbb{V}[e_N(f)] = \frac{\mathbb{V}[f]}{N}$$

となる．Chebyshev の定理を使うと，任意の $\varepsilon > 0$ に対して

$$\mathbb{P}[|e_N(f)| > \varepsilon] < \frac{\mathbb{V}[e_N(f)]}{\varepsilon^2} = \frac{\mathbb{V}[f]}{\varepsilon^2 N} \to 0, \quad N \to \infty$$

が言えることから，近似値が棒の長さに（確率的に）収束することがわかる．したがって，必要な回数だけ操作を繰り返せば任意の精度で長さが測れるのである．以上を一般化すると次のようになる．長さ ℓ のまっすぐな棒があって，寺尾の方法で長さを測るときの目盛りの数を確率変数 χ で書けば，

$$\ell = \mathbb{E}[\chi] \tag{1.1}$$

が成立している[2]．

今日，広く「ランダム性を利用する計算手法」を**モンテカルロ法**[24] と呼んでいる．この「長さを測る」ような問題では，もともと問題自体にランダム性は出てこないが，解決するアイデアとしてランダム性を用いた手法もモンテカルロ法に含まれる．ランダム性を計算に持ち込んだ最初の例としてよく知られているのが，**Buffon の針**である．Buffon は 18 世紀フランスの貴族（侯爵）で博物学者として多彩な仕事を残した人物だが，その仕事の一つがこの話である．具体的にはランダム性を応用して π の計算をするというものだ．幅が一定の板を敷き詰めた床の上に針をランダムに落とすことを考えよう．Buffon は，その針が板の境界線と交わった回数を，針を落とした回数で割った比から π が計算できることを見つけたのである．簡単のため，板の幅（平行線の間隔）を 1 とし，針の長さを ℓ としよう．ここで，$\ell < 1$ を仮定する．するとランダムに針を落として，それが平行線と交わる確率 p は，次のように考えれば求まる．図 1.3 に示すように，針の中心の座標を x，針の平行線に対する角度を θ とおくことで，針が床の上に落ちたときの状態を表すことができる．

[2] 式 (1.1) は「寺尾の公式」と呼ばれている．

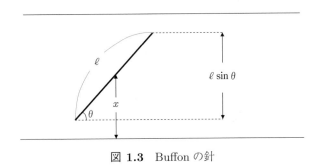

図 **1.3** Buffon の針

ここでは，針をランダムに落とすことを考えているので，x は区間 $[0, 1)$ 内の一様分布，θ は区間 $[0, \pi)$ 内の一様分布にしたがい，互いに独立である．また，確率変数 χ を次のように定義しよう．

$$\chi(x, \theta) = \begin{cases} 1 & \text{針が境界線に交わったとき} \\ 0 & \text{その他} \end{cases}$$

すると，確率変数 χ の期待値は

$$\mathbb{E}[\chi] = 1 \times p + 0 \times (1-p) = p$$

となって交わる確率 p に一致することがわかる.

まず,問題を単純化して針が平行線に対して常に垂直に落ちると仮定しよう.この場合は自由度が x だけになるので,交わる確率は長さ ℓ に一致する.つまり,式で書けば

$$\mathbb{E}[\chi] = \ell$$

となる.この式は寺尾の公式 (1.1) そのものである.

では,角度 θ を任意の値 θ_0 に固定したらどうだろう.この場合は,図 1.3 に示したように平行線と垂直な方向への針の影の長さを考えればよいので,交わる確率 p は $\ell \sin \theta_0$ となる.したがって,角度を θ_0 に固定したときの確率変数 χ の条件付期待値は

$$\mathbb{E}[\chi|\theta = \theta_0] = \ell \sin \theta_0$$

となる.$\mathbb{E}[\chi]$ と $\mathbb{E}[\chi|\theta = \theta_0]$ の関係は $0 \leq \theta_0 < \pi$ より

$$\mathbb{E}[\chi] = \int_0^\pi \mathbb{E}[\chi|\theta = \theta_0] \frac{1}{\pi} d\theta_0 = \int_0^\pi \frac{\ell \sin \theta_0}{\pi} d\theta_0 = \frac{2}{\pi} \ell \tag{1.2}$$

となる.この式を書き直せば,

$$\pi = \frac{2\ell}{\mathbb{E}[\chi]}$$

を得る.右辺の $\mathbb{E}[\chi]$ の推定値として,交わった回数 N_0 を針を落とした回数 N で割った比 N_0/N を使うことにすれば,π の近似値

$$\pi \approx \frac{2\ell N}{N_0}$$

が求まるというのが Buffon のアイデアである.また,上の式 (1.2) を

$$\ell = \frac{\pi}{2} \mathbb{E}[\chi] \tag{1.3}$$

と書き直してみると,この場合は π の値は既知として,針の長さ ℓ を未知とした場合の ℓ を求める問題というふうに捉えることができる.先に述べた寺尾の公式 (1.1) と比べると,Buffon の公式 (1.3) では針(あるいは棒)の回転の自由度が加わるため,定数項 $\pi/2$ が現れることに注意したい.

さて,次に針が二つに曲がっている場合を考えよう(図 1.4 参照).それでも,まっすぐな場合と同じように交点の数の期待値が π の計算に使えるかが

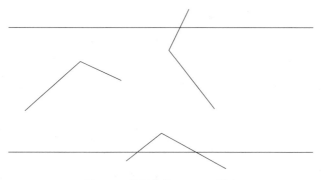

図 1.4 針が曲がっている場合

問題である．曲がった針に色を着けて，一方を赤，他方を白とする．そして赤いほうの長さを m，白を $\ell - m$ とする．赤い部分が交わるかどうかを示す確率変数を χ_1 とし，白い部分に対応する確率変数を χ_2 とする．それぞれの確率変数は，針を落としたときに平行線に交われば 1，そうでなければ 0 という値をとる．ただし，針の赤の部分と白の部分はつながっているため，確率変数 χ_1 と χ_2 は独立ではない．ここで，$\chi = \chi_1 + \chi_2$ という確率変数を考えよう．χ の値が意味するのは曲がった針と平行線との交点の総数である[3]．さて，ここで確率の教科書の最初に出てくる期待値に関する定理

$$\mathbb{E}[\chi_1 + \chi_2] = \mathbb{E}[\chi_1] + \mathbb{E}[\chi_2]$$

を思い出そう．重要なのは，この定理が確率変数 χ_1 と χ_2 が独立でなくても成り立つことである．右辺の $\mathbb{E}[\chi_1]$ が意味するのは赤の部分と平行線との交点数の期待値なので，これは上で求めた式 (1.2) が使えるため $2m/\pi$ となる．$\mathbb{E}[\chi_2]$ も同様にして $2(\ell - m)/\pi$ となるため，結局

$$\mathbb{E}[\chi] = \mathbb{E}[\chi_1 + \chi_2] = \mathbb{E}[\chi_1] + \mathbb{E}[\chi_2] = \frac{2m}{\pi} + \frac{2(\ell - m)}{\pi} = \frac{2\ell}{\pi}$$

となる．針の長さが未知数だとして ℓ を左辺にして書き直すと，Buffon の公式 (1.3) が曲がった場合にも成立していることがわかる．また，もう一つ重要なこととして $\ell < 1$ という条件はもはや必要ないということもわかる．

では，もっと複雑に折れ曲がった場合はどうだろう．期待値に関する公式は，任意の n 個の確率変数について

$$\mathbb{E}[\chi_1 + \cdots + \chi_n] = \mathbb{E}[\chi_1] + \cdots + \mathbb{E}[\chi_n] \tag{1.4}$$

[3] "交わるかどうか" ではないことに注意．

が成立している．この場合も確率変数 $\chi_1,...,\chi_n$ が独立である必要はない．すると上と同様にして，$(n-1)$ ヵ所で折れ曲がった針についても，その i 番目の直線部分の長さを ℓ_i，平行線との交点数を表す確率変数を χ_i とおけば，

$$\ell = \sum_{i=1}^n \ell_i = \frac{\pi}{2}(\mathbb{E}[\chi_1] + \cdots + \mathbb{E}[\chi_n]) = \frac{\pi}{2}\mathbb{E}[\chi_1 + \cdots + \chi_n] = \frac{\pi}{2}\mathbb{E}[\chi]$$

となって，Buffon の公式が成立することがわかる．ここで，ℓ は針の全長，χ は交点の総数である．それでは次に平面曲線の場合はどうかというと，そもそも曲線の長さは折れ線近似の極限として定義されるので，Buffon の公式は任意の平面曲線についても成り立つのである．したがって，Buffon の公式 (1.3) は非常に普遍的な式であることがわかる．この結果は，長さが未知の平面曲線が与えられたとき，それを間隔 1 の平行線の上にランダムにおくという操作を N 回繰り返し，各回の交点の総数を $\chi^{(j)}, j = 1,...,N$，とすればその平均を計算することで，曲線の長さが推定できることを意味している．つまり，

$$\ell = \frac{\pi}{2}\mathbb{E}[\chi] \approx \frac{\pi}{2N}\sum_{j=1}^N \chi^{(j)}$$

である．平面曲線の場合は言ってみれば「干からびた麺」のようなものなので，その場合は針 (needle) を麺 (noodle) に置き換えて **Buffon の麺** と呼ばれている．

以上の話を「高次元」の場合へ拡張しておこう．よく知られているように長さは 1 次元の量である．2 次元では面積，3 次元では体積になる．したがって，ここでは高次元の図形が与えられたときその（超）体積を求める方法として Buffon のアイデアを使うことを考えるのである．簡単のため，ここからの話は 2 次元の場合で進めるが，この話は任意の次元で成り立つことに注意したい．問題は「任意の平面図形が与えられたときその面積をランダム性を用いて求めるにはどうすればよいか」となる．

まず，次の問題はどうだろう．2 次元の物差しとして，一辺の長さが 1 の正方格子の網のようなものを考える．その上に，一辺の長さが $\ell < 1/\sqrt{2}$ の小正方形をランダムに置くのである．ここで，ランダムとは小正方形の中心の座標 (x,y) および格子軸と小正方形の辺のなす角度 θ を $0 \leq x,y < 1; 0 \leq \theta < \pi$ のもとで一様に選ぶという意味である（図 1.5（上図）参照）．ここで，三つの確率変数 x,y,θ は互いに独立である．そして，小正方形に含まれる格子点の数を数えることにしよう．その数を χ で表すとこれは確率変数になってい

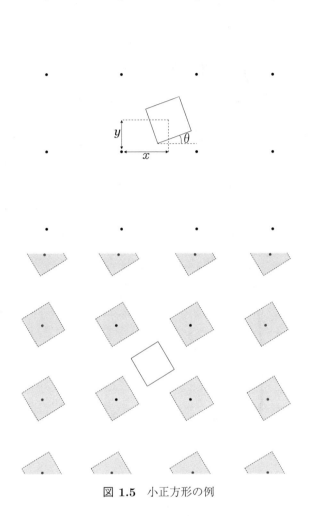

図 1.5 小正方形の例

る.ただし,小正方形の一辺の長さを $1/\sqrt{2}$ 未満にしたので,確率変数 χ のとりうる値は 0 か 1 である.

　はじめに,ランダムな角度 θ を値 θ_0 に固定して考えよう.図 1.5(下図)は,小正方形の中心が影の付いた領域内にあれば,小正方形が格子点を含む(つまり $\chi = 1$ となる)ということを示している.したがって,確率変数 $\chi = 1$ となる確率は,影の付いた領域の面積すなわち小正方形の面積に等しくなる.小正方形の面積を $A(=\ell^2)$ で表すと,χ の条件付期待値は針の場合と同様にして,

$$\mathbb{E}[\chi|\theta=\theta_0] = 1 \times A + 0 \times (1-A) = A$$

となることがわかる．すると，条件付期待値の定義から

$$\mathbb{E}[\chi] = \int_0^\pi \mathbb{E}[\chi|\theta=\theta_0)]\frac{1}{\pi}d\theta_0 = \int_0^\pi A\frac{1}{\pi}d\theta_0 = A$$

となる．つまり，この式は前に述べた寺尾の公式 (1.1) を 2 次元に一般化したものになっているのである．

それでは，任意の平面図形ではどうだろう．この場合は 1 次元の「折れ線近似」と同じようにして，任意の平面図形を n 個の小正方形で近似した近似図形を考える（図 1.6 参照）．

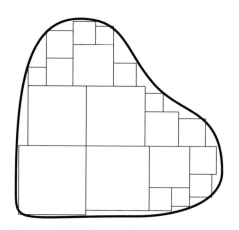

図 **1.6** 平面図形の小正方形による近似の例

各小正方形の面積を $A_1,...,A_n$ とし，総和を A とする．近似図形をランダムに格子平面に置いたとして，確率変数 χ_i で小正方形 A_i が含む格子点の数を表すことにすると，確率変数 $\chi_1,...,\chi_n$ は独立ではないが，ここでも期待値に関する公式 (1.4) が使えるので，寺尾の公式の 2 次元版

$$\mathbb{E}[\chi] = \mathbb{E}[\chi_1] + \cdots + \mathbb{E}[\chi_n] = A_1 + \cdots + A_n = A$$

が近似図形についても成立することがわかる．ここで，確率変数 χ は近似図形が含む格子点の総数を表している．さらに，前に説明した「折れ線近似」のときと同様に，任意の平面図形は小正方形を使って限りなく近似することができることから，結局，寺尾の公式は任意の平面図形についても成立していることがわかる．1 次元では「長さ ℓ」を求める問題だったが，それが「面積

A」を求める問題に一般化されたのである．

　以上で，2次元の場合でも寺尾の公式が成立することがわかった．同じような議論を展開していけば，3次元以上でも同様に成り立つことがわかる．寺尾の公式 (1.1) は次元によらない非常に一般的な公式なのである．モンテカルロ法のもっとも簡単な例として，入門書などによく引用されるものに「ヒット オア ミス・モンテカルロ法」[24, 73] がある．この方法は，上に説明した寺尾の方法において「格子間隔が平面図形に対して十分大きい」という特殊な場合（毎回の操作で平面図形に含まれる格子点が高々一つしかないような場合）に対応している．格子点が一つ入ればヒットであり，入らなければミスということになる．寺尾の方法では，格子間隔は小さくしても大きくしてもかまわない．小さくすれば図形に含まれる格子点の数は大きくなるし，大きくすれば逆に小さくなる．いずれの場合でも図形に含まれる格子点数の期待値に関して寺尾の公式 (1.1) が成立しているのである．

　この章で述べたことのポイントをまとめよう．与えられた図形の長さにしても，面積，体積にしてもそれを測定する場合，普通は格子間隔（目盛り）を非常に小さくしていくことで測定の精度を上げている．その場合の測定回数は1回か2回だろう．ところが，ここで紹介したランダム性を用いる方法は，格子間隔が対象とする図形と比べて大きい場合でも，逆に測定回数を増やすことで精度を高めることができるという長所を持っている．格子間隔というのは空間的な概念であり，それに対して測定回数というのは時間的な概念だ．モンテカルロ法のアイデアの本質は，長さや面積の測定という空間的な問題にアプローチするのに，それまでにはなかった「時間的な概念」をあらたに導入したことと言ってもよい．

2 一様乱数の生成

2.1 擬似乱数とは

 前の章ではランダマイゼーションの具体例を二つ紹介したが，それらを実際にコンピューター上でシミュレーションしてみるという観点でもう少し詳しく調べてみよう．まず「パーフェクト・シャッフル」についてである．実際にこのシャッフルを実行するには，左右の手にちょうど半分ずつに分けたカードデッキを交互に1枚ずつ重ねていくことになるが，一番下になるカードが右手のデッキから来るか左手のデッキから来るかを確率 1/2 でランダムに決めなければならない．それには理想的なコインがあればよい．コインを振って裏が出れば右手から，表が出れば左手からとあらかじめ決めておくことで，パーフェクト・シャッフルはシミュレーションできる．以下，Random(N) という理想的な乱数生成器を考えることにする．これは 1 から N までの整数を等確率（$1/N$）ランダムに生成するものである．Random(2) は数字 1 と 2 を等確率ランダムに生成してくれるので理想的なコインであり，Random(6) は 1 から 6 までの整数を等確率ランダムに生成してくれるので理想的なサイコロと見ることができる．

 「Gilbert–Shannon シャッフル」では，二項分布に従う乱数が必要となるが，それは以下のようにすれば実現できる．まず Random(2) を N 回呼び，数字 1 と 2 からなる長さ N の数列を生成する．そのうち 1 の出た回数を k 回とすれば，k は二項分布に従う乱数になっている．したがって，このときは右手にカードデッキの上から k 枚を持つことにし，残り $N-k$ 枚は左手に持つことにする．またこのとき 1 が何回目に出たかも記録しておく．それが小さい順に $j_1, ..., j_k$ だったとしよう．この数が，インターリーブの後に得られるカードデッキ N 枚のどこに右手に持っている k 枚のカードが置かれるかを示しているのである．$j_1, ..., j_k$ は小さい順になっているので，右手で持って

いる上から i 番目 $(1 \leq i \leq k)$ のカードを N 枚のカードの上から j_i 番目に置けばよい．これでインターリーブも実現できる．

次に「寺尾の問題」を見てみよう．まず 1 次元の場合である．このときは，区間 [0,1) 内に一様分布する乱数（実数）をランダムに生成してくれるような乱数生成器 URAND が必要になる．これを使えば 1 次元の寺尾の方法は簡単に実行できる．2 次元における寺尾の方法では，二つの独立な乱数 x と θ が必要となる．$x = $ URAND とすればよく，θ は区間 $[0, \pi)$ 内に一様分布する乱数なので $\theta = \pi \times $ URAND とすればよい．3 次元以上の場合も，同様に考えれば URAND を使うことで実行できる．ちなみに

$$\text{Random}(N) = \lfloor N \times \text{URAND} \rfloor + 1$$

とすれば，先に述べた乱数生成器 Random(N) は，URAND を変換して作れることもわかる．

この章では，URAND としてコンピューターシミュレーションに用いられている一様乱数生成アルゴリズムについて詳しく述べる．まず，はじめに指摘しておかなければならない点は「コンピューターシミュレーションや確率論で仮定している数学的に純粋なランダム性は現実には生成できない」ということである．「サイコロはランダム性を生成しているではないか」と思われるかもしれないが，それはあくまでも理想的なサイコロの話で，現実に存在するサイコロはわからない程度に小さいかもしれないが偏りを持っているので，真のサイコロとはいえない．さらに，コンピューターシミュレーションで実際に用いる一様乱数は通常算術的アルゴリズムによって生成されており，正確には**擬似一様乱数**と呼んだほうが正しい．ここで「擬似」とは「似て非，つまりよく似てはいるが全くの別物」という意味である．似ているかどうかは統計的検定をパスするかどうかで判定されることになる．多くのさまざまな種類の統計的検定が提案されており，それらのどれもパスするような擬似一様乱数生成アルゴリズムがすでにいくつか知られており，シミュレーションの世界で広く使われている．その中でも代表的なものが本章で紹介する「線形合同法」と「GFSR(Generalized Feedback Shift Register) 法」である．

この二つの方法について詳しく説明する前に，非一様な確率分布に従う擬似乱数生成について一言述べておこう．基本的な考え方は，一様乱数にあらかじめ決められた変換を施して生成するというものであるが，そのとき非一様乱数生成アルゴリズムの正しさは，入力となる一様乱数が「擬似一様乱数」ではなく「一様分布する独立な確率変数」であることを前提として保証され

ていることに注意したい[1]．

　非一様確率分布はほとんど無限に存在するので，すべてを述べることはもとより不可能であり，この本のスコープからも外れるので，詳細は Knuth の著者 [32] などを参考にしていただくとして，最も代表的で重要な「逆変換法」と呼ばれるアルゴリズムについてのみ簡単に説明したい．まず離散分布の場合からはじめよう．確率変数 X が n 個の異なる値 $a_1, ..., a_n$ を確率 $p_1, ..., p_n$ でとる離散分布は一般に次のように表せる．

$$\mathbb{P}[X = a_i] = p_i, \quad i = 1, 2, ..., n$$

ここで，$\sum_{i=1}^{n} p_i = 1$ である．このような確率変数は一様乱数 U を使って次のように生成する．

$$X = \begin{cases} a_1 & U < p_1 \\ a_2 & p_1 \leq U < p_1 + p_2 \\ a_3 & p_1 + p_2 \leq U < p_1 + p_2 + p_3 \\ \vdots & \vdots \\ a_n & p_1 + \cdots + p_{n-1} \leq U < 1 \end{cases}$$

ただし，n が大きい場合やポアソン分布のような n が無限となる場合には，この方法はあまり効率がよくないため別のもっと効率のよい方法がいろいろ提案されている [32]．

　次は連続分布の場合である．問題は分布関数 $F(x)$ が与えられたときの確率変数をどう生成するかである．答えを先に言ってしまうようだが，一様乱数 U を $X = F^{-1}(U)$ のように変換すればよい．確率変数 X の分布関数を考えてみよう．すると

$$\mathbb{P}[X \leq x] = \mathbb{P}[F^{-1}(U) \leq x] = \mathbb{P}[U \leq F(x)] = F(x)$$

から，X の分布関数はちょうど $F(x)$ になっていることがわかる．つまり，一様乱数 U に分布関数の逆関数を施せばいいのである．例えば，平均が λ の指数分布に従う乱数 X が必要な場合は，$F(x) = 1 - \exp(-x/\lambda)$ から $X = F^{-1}(U) = -\lambda \log(1 - U)$ とすればよい．U が一様ならば $1 - U$ も一様であることから，$X = -\lambda \log U$ とすればより簡潔になる．

　連続分布の中でも最も重要なのが標準正規分布である．この場合，分布関数は

---

[1] 擬似一様乱数の"擬似"であるがゆえに起きるいろいろな問題（例えば Neave effect など）については [21, 87] を参照．

と表わせる．上で述べた方法を用いるためには逆関数 $\Phi^{-1}(x)$ が必要になるが，あいにくそれを簡単に表現する方法はないので，いろいろな近似式が提案されている．次に示すのは，「戸田の近似式」[99] と呼ばれるものだ．まず，一様乱数 U を次のように変換する．

$$F(x) = \Phi(x) := \frac{1}{\sqrt{2\pi}} \int_{-\infty}^{x} \exp\left(-\frac{1}{2}t^2\right) dt \qquad (2.1)$$

$$Y = -\log(4U(1-U))$$

そして，さらに

$$X = \sqrt{Y(b_0 + b_1 Y + \cdots + b_{10} Y^{10})}$$

と変換するのである．ここで，定数 $b_0, b_1, ..., b_{10}$ は次の値をとる．

$$b_0 = 1.570796288,$$
$$b_1 = .3706987906 \times 10^{-1},$$
$$b_2 = -.8364353589 \times 10^{-3}, \quad b_3 = -.2250947176 \times 10^{-3},$$
$$b_4 = .6841218299 \times 10^{-5}, \quad b_5 = .5824238515 \times 10^{-5},$$
$$b_6 = -.1045274970 \times 10^{-5}, \quad b_7 = .8360937017 \times 10^{-7},$$
$$b_8 = -.3231081277 \times 10^{-8}, \quad b_9 = .3657763036 \times 10^{-10},$$
$$b_{10} = .6936233982 \times 10^{-12}$$

こうして得られる確率変数 X の従う確率分布と標準正規分布との相対誤差は 1.2×10^{-8} 以下になることがわかっている．また，一般の正規分布 $N(\mu, \sigma^2)$ に従う確率変数 Z が必要な場合は，上で得られた X を使って

$$Z = \sigma X + \mu$$

のように変換すればよい．

2.2 線形合同法

擬似乱数生成を算術的に行うのは別に難しくないと思われるかもしれない．一見でたらめに見える数列を作ればいいわけだから，コンピュータープログラム言語が提供する四則演算など種々の演算をでたらめに組み合わせれば，それなりにランダムな数列を作ることができそうである．Knuth の本 [32] に面白い話が紹介されている．実際，彼も若いときそのように考えて「super-random number generator」と名付けた擬似乱数生成サブルーチンを自分で作ったそうである。ところが，そのサブルーチンを使っているうちにある重大な欠陥に気付くことになる．ある初期値から出発するとずっと同じ値ばかりが出てくるのである．彼の書いたプログラムに問題はなく，その原因は彼の作ったでたらめな生成アルゴリズムのもつ根本的な欠陥であることを最終的に突き止める．この経験から彼が得た教訓は次のように述べられている．

> The moral of this story is that *random numbers should not be generated with a method chosen at random.* Some theory should be used.

現在，擬似一様乱数生成アルゴリズムとしてもっとも広く使われているのが**線形合同法**である．その定義は次のようになる．

$$X_n = aX_{n-1} + c \pmod{M}$$
$$u_n = \frac{X_n}{M}$$

ここで，a, c および M は正の整数であり，$X_n, n = 1, 2, ...,$ は $0 \leq X_n < M$ を満たす整数の列である．また X_0 は初期値と呼ばれる．正規化した数列 $u_n, n = 1, 2, ...,$ を単位区間 $[0, 1)$ 内の一様乱数とみなして使用するのである．線形合同法は，このように非常に簡単なアルゴリズムであるにもかかわらず，真の乱数と区別できないほどにランダムにみえる数列を生成できることからその不思議さもあって多くの研究がなされてきている．

まず，このようにして作られる数列 $u_n, n = 1, 2, ...,$ には周期があり，それが高々 M であることは容易にわかる．その周期は乱数生成のパラメータ a, c, X_0 および M に依存しており，それらをどのように選べば最大周期になるかは興味ある問題である．次の定理は，それに対する解答である [32]．

定理 2.2.1 $c \neq 0$ とする．数列 $u_n, n = 1, 2, ...,$ の周期が最大 M となるための必要十分条件は，以下の 3 条件を満たすことである．

1. $\mathrm{GCD}(c, M) = 1$
2. M の因数である任意の素数 p に対して，$a = 1 \pmod{p}$
3. M が 4 の倍数なら $a = 1 \pmod{4}$

この定理から M が素数の場合，$a = 1 \pmod{M}$ しか最大周期 M を実現できないことがわかる．しかし，この a の値では c をどのように選んでも乱

数列らしきものは生成できない．

$c = 0$ の場合は少し準備が必要となる．

定義 2.2.2 a と M は自然数で互いに素とする．M を法とする a の**オーダー**とは $a^e = 1 \pmod{M}$ を満たす最小の自然数 e を指す．また，与えられた M に対してオーダーが最大になるような a を M を法とする**原始元**と呼ぶ．

定理 2.2.3 M を法とする原始元のオーダーを $\lambda(M)$ で表すとすると，$\lambda(2) = 1$, $\lambda(4) = 2$, かつ $\lambda(2^e) = 2^{e-2}$ $(e \geq 3)$ が成り立つ．また，奇素数 p に対しては $\lambda(p^e) = p^{e-1}(p-1)$ が成り立つ．さらに，一般の自然数 M の因数分解を $p_1^{e_1} \cdots p_J^{e_J}$ と書くと

$$\lambda(M) = \mathrm{LCM}(\lambda(p_1^{e_1}), ..., \lambda(p_J^{e_J}))$$

が成立する．ここで，$p_1, ..., p_J$ は異なる素数とする．

定理 2.2.4 $c = 0$ とする．数列 $u_n, n = 1, 2, ...,$ の周期が最大 $\lambda(M)$ となるための必要十分条件は，以下の 2 条件を満たすことである．

1. $\mathrm{GCD}(X_0, M) = 1$
2. a が M の原始元である

この定理から M が素数の場合，最大周期は $M - 1$ となることがわかる．

1960年代最も広く使われていた生成パラメーターは $c = 0$ かつ $M = 2^w, w \geq 4$, だった．この場合は，$a = \pm 3 \pmod{8}$ であることが原始元となるための必要十分条件して知られている．ちなみに，当時 IBM の科学計算用乱数サブルーチンとして広く使われていた RANDU のパラメーターは $a = 65539$, $c = 0$, $M = 2^{31}$ だった．その周期は 2^{29} である．しかし，M を 2 のべキにすると，たとえ $c \neq 0$ であっても，生成される数列 X_n の下位の l ビットの周期が高々 2^l になってしまうため，コンピューターシミュレーションが次第に大規模化していくにしたがって，その下位ビットの非ランダム性がシミュレーション結果に影響を与えるようになった．そのため乱数サブルーチンの改訂が行われ[2]，新しく発表されたサブルーチンが GGL と呼ばれるもので，そのパラメーターは $a = 7^5$, $c = 0$, $M = 2^{31} - 1$ だった．この場合 M は Mersenne 素数なので周期は $M - 1 = 2^{31} - 2$ である．ここで，RANDU および GGL に共通する「31」という数字は当時のコンピューターが 32 ビット CPU を採用していたことによる．乱数を生成する時間がなるべく短くなるように，この値が使われたのである．シミュレーションに用いるためには大量の乱数を必

[2] 後で述べる 3 次元以上におけるラティス構造の問題も改訂の大きな理由だった．

要とする．したがって一つひとつの乱数の生成に時間をかけることはシミュレーション全体の計算時間に大きく影響することになる．この事実は現在でも変わっていない．「なるべく短時間に，しかしできるだけランダムに近い数列を生成する」ということが擬似乱数生成の大原則なのである．

また，算術的に擬似乱数を生成することのメリットの一つが「ジャンプ・アヘッド」と呼ばれる性質である．この性質のおかげで擬似乱数列の値を先読みすることが可能になり，並列コンピュータで複数のCPUを用いてコンピューターシミュレーションを行うことも容易になる．作業は簡単である．たとえば，m 個のCPUでまったく重複しない擬似乱数列を使う場合を考えよう．線形合同法（簡単のため $c = 0$ とする）の初期値としてそれぞれ $X_0^{(1)}, ..., X_0^{(m)}$ を使うとする．重複のない数列を得るためにはまず $X_0^{(1)}$ を決め，十分大きな N を選んで $i = 2, ..., m$ に対して

$$X_0^{(i)} = a^N X_0^{(i-1)} \pmod{M}$$

とすればよい．

2.2.1 ラティス構造とスペクトル検定

擬似乱数として生成される数列はどのようなアルゴリズムを使ったとしても，算術的に作られたものなのでランダムとは程遠い何らかの構造を持っていることは当然と言える．線形合同法の場合その構造は**ラティス構造**と呼ばれている．ここで，s 次元ラティスとは線形独立な s 次元実ベクトルの整数係数による線形結合である．図 2.1（上図）に示したのは，線形合同法

$$X_n = 170 X_{n-1} \pmod{509}$$
$$u_n = \frac{X_n}{509}$$

によって生成される全周期（508）にわたる点 $(u_n, u_{n+1}), n = 1, ..., 508,$ の 2 次元プロットである．アルゴリズムの線形性から点集合が平行な直線群の上にすべて載ってしまうことは避けられないが，この場合は平行な直線の数が最小となる傾きを選ぶと，わずか 3 本の直線にすべての点が載ってしまっている．パラメーターを変えてもっと多くの平行な直線群の上に載るようにできないだろうか？ 実際に調べてみると平行直線群の傾きをどのように選んでもすくなくとも 31 本の直線上に全周期の点が載るようにパラメーター a を

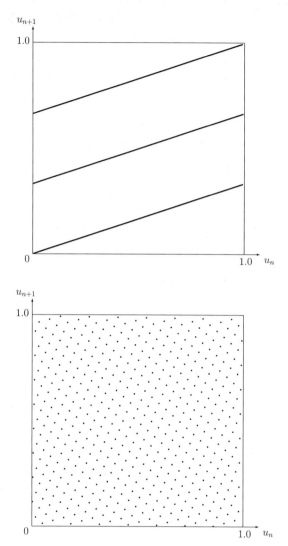

図 2.1 （上図）周期 508 の線形合同法 $(a, c, M) = (170, 0, 509)$ により生成された 2 次元点列 $(u_n, u_{n+1}), n = 1, ..., 508$
（下図）周期 508 の線形合同法 $(a, c, M) = (59, 0, 509)$ により生成された 2 次元点列 $(u_n, u_{n+1}), n = 1, ..., 508$

求めることができる．その値の一つが $a = 59$ とした場合である．このときの 2 次元プロットを図 2.1（下図）に示す．先の例とは大きく異なり，点集合は 2 次元単位平面内にほぼ一様に並んでいることがわかる．

それでは 2 次元単位平面にランダムな 508 個の点をプロットするとどのよ

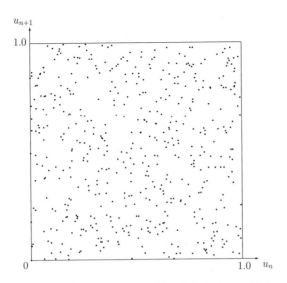

図 2.2 2 次元単位平面内にランダム一様に分布する 508 点（の一つの例）

うな図になるのだろうか？　その例として示したのが図 2.2 である．これを見てもわかるように図 2.1 の点の分布は上図，下図の両方とも非常に規則的であり，ランダムからは程遠いことがわかる．ここで次のような疑問が生じるかもしれない．

> 「線形合同法を使う限り，パラメーターをどのように選んでもこのような規則的な構造は避けられないので，この方法自体が乱数生成アルゴリズムとして使い物にならないのではないか？」

線形合同法を含め算術的なアルゴリズムによる擬似乱数生成法はすべて何らかの構造を持ち，また周期性がある．したがって全周期にわたる点集合をとってみるとその構造がはっきりと現われることになる．そのためシミュレーションで使用する乱数としては，使用する乱数の総数が全周期と比べはるかに小さいものでなければならないことは必須条件である．長年の間に得られた経験則として，乱数生成パラメータが適切に選ばれていれば，使用する乱数の総数がたかだか全周期の平方根ぐらいまでであれば擬似乱数の構造はほとんど現れないと言われている．逆に言えば，シミュレーションで用いる乱数の総数を平方した数より大きい周期をもつ擬似乱数を使うことが必要である[3]．

先にも述べたとおり，線形合同法により生成される数列の引き続いた 2 項からなる 2 次元点列が全周期で見て単位平面内に一様に分布していることは

[3] 実を言えば，図 2.2 はそのような線形合同法を使って描いたものである．

擬似乱数としての最低条件である．同様のことが3次元以上でも成り立つことが擬似乱数としては必要であり，それを調べる必要がある．しかし，次元が高くなり，また周期ももっと大きくなると点列をプロットして目で見て判断するということは不可能になる．もっと理論的かつ体系的な方法がどうしても必要である．まず，ラティス構造を数学的に表現する必要がある．線形合同法による数列の引き続いたs項からなるs次元単位超立方体内の点

$$(u_n, u_{n+1}, ..., u_{n+s-1}) = \left(\frac{X_n}{M}, \frac{X_{n+1}}{M}, ..., \frac{X_{n+s-1}}{M}\right), \quad n = 1, 2, ...$$

を最大周期Mをとる場合で考えることにしよう．アルゴリズムの線形性から，これらのs次元点列は

$$[0,1)^s \cap (\mathcal{L}_s + \gamma)$$

と書くことができる．ここで，ラティス$\mathcal{L}_s$の基底は

$$\begin{aligned}
\boldsymbol{e}_1 &= \frac{1}{M}(1, a, \ldots, a^{s-1}), \\
\boldsymbol{e}_2 &= (0, 1, 0, \ldots, 0), \\
&\vdots \quad \vdots \\
\boldsymbol{e}_s &= (0, 0, \ldots, 0, 1)
\end{aligned} \tag{2.2}$$

で表される．また

$$\gamma = \frac{c}{M(a-1)}(0, a-1, ..., a^{s-1}-1)$$

である．これが線形合同法のラティス構造を数学的に表現したものである．このラティス$\mathcal{L}_s$の重要な特徴としては，整数格子点$\mathbb{Z}^s$を含んでいる点である．言い換えれば，$\mathcal{L}_s$は単位超立方体内の点の分布がそのまま外へ繰り返すラティスになっている．したがって，線形合同法のラティス構造としての情報は単位超立方体内$[0,1)^s$にすべて含まれていることになる．また，定数ベクトルγはラティスを平行移動させているだけなので点列の一様性には影響を与えない．

これから紹介するスペクトル検定は60年代に提案され，今日でも広く使われている線形合同法の擬似乱数としての良否を判定する強力なテストである．具体的には，全周期にわたって生成されるs次元単位超立方体内の点集合によって作られるラティス構造が一様になっているかどうかを見るためのものである．先にも述べたように，点集合は何枚かの超平面上にすべて載ってい

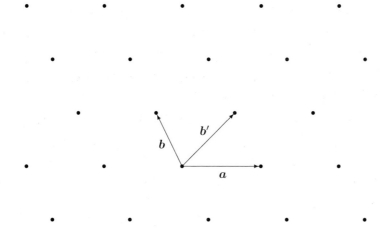

図 2.3 2次元ラティスの基底:(a, b) も (a, b') もどちらも基底である.

るのがラティス構造である．超平面の傾きはいくつも取り方があるが，その中でも隣り合う超平面の間隔が最大になるものを考える．すると，その間隔は点集合の「解像度」とみなすことができる．なぜなら，隣り合う超平面にはさまれる空間には点が一つも存在していないからである．そして，s 次元単位超立方体内の隣り合う超平面の間隔が最大となるように超平面の傾きが求まったときの間隔 d_s は，

$$d_s = \max \frac{1}{\sqrt{k_1^2 + \cdots + k_s^2}} \tag{2.3}$$

と表わされる．ここで，maximum は次の方程式

$$k_1 + ak_2 + \cdots + a^{s-1}k_s = 0 \pmod{M} \tag{2.4}$$

の整数解 $(k_1, ..., k_s) \neq (0, ..., 0)$ すべての中でとるものとする．

なぜこうなるかは以下のように考えればよい．簡単のため $c = 0$ とする．まず，点集合 $(u_n, u_{n+1}, ..., u_{n+s-1}), n = 1, 2, ...,$ がすべて載るような平行な超平面群の方程式の係数を整数 $k_1, ..., k_s$ で表すと

$$k_1 u_n + k_2 u_{n+1} + \cdots + k_s u_{n+s-1} = (k_1 + ak_2 + \cdots + a^{s-1}k_s)u_n = 0 \pmod{1}$$

を満たすことがわかる．ここで，右辺はすべての $n = 1, 2, ...$ について成立し，また $u_n = X_n/M$ であることから式 (2.4) と同値となる．さらに $k_1, ..., k_s$ は超平面を表す係数になっているので，原点を含む超平面とそれに隣り合う超

平面との距離の最大値を考えればよく，d_s が得られるのである．

例えば図 2.1（上図）で表される点集合 $(u_n, u_{n+1}), n = 1, 2, ..., 508$, は 3 本の直線上にすべてが載っている．その直線群の方程式は $u_n - 3u_{n+1} = 0 \pmod 1$ を満たすことが分かる．したがって隣り合う直線間の距離はその係数を用いて $d_2 = 1/\sqrt{1^2 + 3^2} = 0.316...$ と求まる．また，図 2.1（下図）の場合は，隣り合う直線間の距離が最大になるのは直線群の方程式が $15u_n + 17u_{n+1} = 0 \pmod 1$ となるときなので，$d_2 = 1/\sqrt{15^2 + 17^2} = 0.0441...$ と求まる．

また $d_s = 2^{-(-\log_2 d_s)}$ と書き直すとわかるように，$-\log_2 d_s$ はラティスの解像度が何ビットあるかを表している．s 次元単位超立方体内にある P 個の点集合を立方格子状に並べると，格子の一辺の長さは $P^{-1/s}$ なので，解像度で表現すれば $(\log_2 P)/s$ ビットとなる．したがってスペクトル検定で求めた解像度をこの値と比べることで，点集合の一様性が判定できる．

具体的に RANDU の場合を見てみよう．この場合の生成漸化式は，

$$X_n = 65539 X_{n-1} \pmod{2^{31}}$$
$$u_n = \frac{X_n}{2^{31}}$$

である．まず 3 次元を見てみよう．$65539 = 2^{16} + 2 + 1$ を用いると，点集合 $(u_n, u_{n+1}, u_{n+2}), n = 1, 2, ...$, がすべて載っているような超平面群の方程式のうち，隣り合う超平面の間隔が最大になるものは

$$9u_n - 6u_{n+1} + u_{n+2} = 0 \pmod 1$$

となることがわかる．したがって，このときの隣り合う超平面の間隔は

$$d_3 = \frac{1}{\sqrt{9^2 + (-6)^2 + 1^2}} = \frac{1}{\sqrt{118}} = 0.0920...$$

として得られる．解像度は $\log_2 \sqrt{118} \approx 3.4$ となり，2^{29} 個の点の 3 次元における理想的な解像度 $\log_2 2^{29}/3 = 9.66...$ と比べてみると，一様分布からかなり離れていることがわかる．4 次元ではどうだろう．この場合の点集合 $(u_n, u_{n+1}, u_{n+2}, u_{n+3}), n = 1, 2, ...$, をすべて含み隣り合う超平面の間隔が最大となる超平面群の方程式は

$$9u_n + 3u_{n+1} - 5u_{n+2} + u_{n+3} = 0 \pmod 1 \qquad (2.5)$$

となる．したがって，この場合の最大間隔は

$$d_4 = \frac{1}{\sqrt{9^2 + 3^2 + (-5)^2 + 1^2}} = \frac{1}{\sqrt{116}} = 0.0928...$$

として得られる．解像度は $\log_2 \sqrt{116} \approx 3.4$ となり，2^{29} 個の点の 4 次元における理想的な解像度 $\log_2 2^{29}/4 = 7.25$ と比べてみると，3 次元同様，一様分布からかなり離れていることがわかる．ところが面白いことに，9 次元でも，間隔最大となる超平面群は式 (2.5) を満たすのである．9 次元における理想的な解像度は 3.22... なので，この場合は一様性が非常によいことになる．このことから，線形合同法のラティス構造は次元ごとに一様性が変わるために，スペクトル検定は各次元に対して行わなければならないことがわかる．

最大間隔 d_s を計算することがスペクトル検定にとっては必須である．このことについてもうすこし詳しく見てみよう．まず双対ラティスの概念が必要になる．

定義 2.2.5 ラティス $\mathcal{L}$ が与えられたとき，

$$\bar{\mathcal{L}} = \{x \mid 任意の\ y \in \mathcal{L}\ に対して内積\ (x, y)\ が整数となる\ \}$$

を**双対ラティス**と呼ぶ．

すると，線形合同法によるラティス $\mathcal{L}_s$ の双対ラティス $\bar{\mathcal{L}}_s$ の基底は

$$\begin{aligned}
\bar{e}_1 &= (M, 0, 0, ..., 0), \\
\bar{e}_2 &= (-a, 1, 0, ..., 0), \\
&\vdots \\
\bar{e}_s &= (-a^{s-1}, 0, ..., 0, 1)
\end{aligned}$$

と書くことができる．この双対ラティスの非ゼロ最小ベクトルを考えてみよう．整数係数 $t_1, ..., t_s$ として基底の線形結合の長さ（Euclid ノルム）

$$\left|\sum_{i=1}^{s} t_i \bar{e}_i\right| = \left|(t_1 M - t_2 a - \cdots - t_s a^{s-1}, t_2, ..., t_s)\right|$$

を最小化すればよい．ここで，$\boldsymbol{k} = (k_1, ..., k_s)$ として

$$k_1 = t_1 M - t_2 a - \cdots - t_s a^{s-1}, \quad k_2 = t_2, ..., k_s = t_s$$

と置いてみると，非ゼロ最小ベクトルの長さは

$$\min |\boldsymbol{k}| = \min \sqrt{k_1^2 + \cdots + k_s^2} = \frac{1}{d_s}$$

となる．ここで，minimum は

$$k_1 + k_2 a + \cdots + k_s a^{s-1} = t_1 M = 0 \pmod{M}$$

を満たす整数解 $\boldsymbol{k} = (k_1, ..., k_s) \neq (0, ..., 0)$ すべてに関してとっている．

　したがって，スペクトル検定で d_s を求めるという計算はラティスの非ゼロ最小ベクトルを求めることと同値になる．さらに「s 次元 Euclid 空間におけるラティスの非ゼロ最小ベクトルを求める問題」は計算機科学の世界では「NP-Hard」と呼ばれ，次元 s に関して計算時間が指数関数的に増加する困難な問題として知られている．

　表 2.1 にスペクトル検定をいくつかの線形合同法に対して実施した結果が示されている．これは Knuth の本 [32] から抜粋したものである．第 1 行は RANDU に対する結果である[4]．この場合 $(\log_2 2^{29})/s$ の値は，$s = 2, 3, 4, 5, 6$ に対して，それぞれ $14.5, 9.7, 7.3, 5.8, 4.8$ となり，3 次元以上ではかなり解像度が低い，つまり一様なラティスになっていないことがわかる．次の行は GGL に対する結果である．この場合 $(\log_2(2^{31} - 2))/s$ の値は，$s = 2, 3, 4, 5, 6$ に対して，それぞれ $15.5, 10.3, 7.7, 6.2, 5.2$ となり，得られた解像度と比べるとせいぜい 1 ビット程度の差なので特に一様性が悪いとは言えない．その他の結果は，ランダムにパラメーター a を選んだ場合どうなるかを調べたものである．

　　「$\pi = 3.141592653...$ の 10 進数字の並び方は，0 から 9 までの数字が一様ランダムに現われている数列と比べて統計的に区別できない」

という有名な予想があるので，それに基づいて a が選ばれており，下位の数値が若干異なっているものがあるが，それは最大周期になる条件を満たすよ

[4] M の値が少し異なる理由は [32] を参照されたい．

表 **2.1** スペクトル検定の実施例（Knuth [32, Chapter 3 (Table 1)] から抜粋）

a	M	$|\log_2 d_2|$	$|\log_2 d_3|$	$|\log_2 d_4|$	$|\log_2 d_5|$	$|\log_2 d_6|$
65539	2^{29}	14.5	3.4	3.4	3.4	3.4
16807	$2^{31} - 1$	14.0	9.3	7.2	6.1	4.9
314159269	$2^{31} - 1$	15.2	9.9	7.6	5.9	5.1
3141592653	2^{35}	15.7	10.0	7.4	5.1	5.1
3141592621	10^{10}	16.0	10.0	8.0	5.4	4.5
3141592221	10^{10}	16.0	9.0	8.3	5.9	5.6

うに変更が加えられているからである．4通りの (a, M) についてスペクトル検定が行われているが，どれもほどほどによい結果を示している．また，最後の三つは最大周期 M を実現するために $c = 1$ を仮定している．

Knuth's Maxim といわれる次の言葉が，スペクトル検定がいかに強力な方法であるかを示している．

> Not only do all good generators pass this test, all generators now known to be bad actually *fail* it.

もちろんこの主張は経験則であり，数学的に証明されたものではない．線形合同法に対し数多くの生成パラメーターを選んで統計的検定およびスペクトル検定を行い，その結果得られた重要な経験的事実である．

最後に，線形合同法のラティス構造は数列の引き続いた s 項のみが持つ構造ではなく非常に一般的な構造であることを強調しておきたい．数列からとびとびに選んだ s 項からなる s 次元単位超立方体内の点

$$(u_n, u_{n+j_1}, ..., u_{n+j_{s-1}}) = \left(\frac{X_n}{M}, \frac{X_{n+j_1}}{M}, ..., \frac{X_{n+j_{s-1}}}{M}\right), \quad n = 1, 2, ...$$

を最大周期 M で考えよう．ここで，$1 \leq j_1, ..., j_{s-1} < M$ は任意に選んだ整数である．すると，アルゴリズムの線形性からこれらの s 次元点列は

$$[0, 1)^s \cap (\mathcal{L}_s + \gamma)$$

と書くことができる．ここで，ラティス $\mathcal{L}_s$ の基底は

$$\begin{aligned}
\boldsymbol{e}_1 &= \frac{1}{M}(1, a^{j_1}, ..., a^{j_{s-1}}), \\
\boldsymbol{e}_2 &= (0, 1, 0, ..., 0), \\
&\vdots \quad \vdots \\
\boldsymbol{e}_s &= (0, 0, ..., 0, 1)
\end{aligned} \quad (2.6)$$

で表される．また

$$\gamma = \frac{c}{M(a-1)}(0, a^{j_1} - 1, ..., a^{j_{s-1}} - 1)$$

である．これが線形合同法のラティス構造をより一般的に表現したものである．

この章ではスペクトル検定を幾何学的な観点からとらえて点列の一様分布のテストとして説明してきたが，それとは異なり，解析数論と直接結びつける解釈も可能である．第2部で「Weylの規準」（定理3.2.2）と呼ばれる一様

性に関する重要な必要十分条件を紹介することになるが，スペクトル検定で用いる一様性の尺度 d_s は，その Weyl の規準を s 次元に一般化しそれをさらに有限離散化したとき得られるものとみなすことができる．

2.2.2 周期の大きな線形合同法

この節では，線形合同法の周期を大きくする方法について詳しく述べる．先にも触れたとおり，周期の上界は M であり，M の上界はコンピューターの語長である 32 ビット，つまり $M \leq 2^{32}$ だった．最近では語長は 64 ビットが主流になっているので $M \leq 2^{64}$ としても線形合同法の周期は高々 2^{64} にしかならない．もちろん多倍長演算を使えばいくらでも自由に M を選ぶことはできるが，擬似乱数生成においては擬似乱数一つ当りの生成時間をなるべく短くすることが重要な条件になっているので[5]，その方法は採用されない．

それではどうするか？ 現在では $10^{10} \approx 2^{30}$ 個ぐらいの乱数を使うシミュレーションは普通であり，先にも述べたとおり，乱数の周期は使う乱数の総数の平方以上は少なくとも必要である．例えば 2^{100} あるいは 2^{1000} といった周期の線形合同法乱数列が簡単にかつ高速に生成できれば望ましい．

誰でも考えるのが，線形合同法を r 次の漸化式に一般化するというものである．つまり，$n = r, r+1, \ldots$ として

$$X_n = a_{r-1} X_{n-1} + \cdots + a_0 X_{n-r} \pmod{M}$$
$$u_n = \frac{X_n}{M}$$

を用いる．ここで，r 個の初期値 $X_0, \ldots, X_{r-1}$ は，すくなくとも一つは 0 ではないとする．漸化式の係数 $a_0, \ldots, a_{r-1}$ は生成される数列 $X_n, n = r, r+1, \ldots,$ の周期が非常に大きくなるように選ばれる．パラメーター M の取り方としては素数とするのが普通である．M が素数のとき，特性多項式が $GF(M)$ 上の原始 3 項式 $z^r - a_q z^q - a_0, r > q,$ になる場合 $X_n, n = r, r+1, \ldots,$ の漸化式は

$$X_n = a_q X_{n-r+q} + a_0 X_{n-r} \pmod{M}$$

であり，周期は $M^r - 1$ になる．この場合，漸化式を計算するのに乗算が 2 回なので，線形合同法の 1 回とそれほど変わらない．そのかわり，パラメーター r を大きくすれば周期はいくらでも大きくとれるというメリットがある．ただし，引

[5] 大雑把に言えば，使った擬似乱数の総数が多いほどコンピューターシミュレーションの精度が上がるため．

き続いた $r+1$ 項からなる $r+1$ 次元の点集合 $(u_{n-r},...,u_n), n = r+1, r+2,...,$ がすべて載っている $r+1$ 次元における超平面群の方程式は

$$a_0 u_{n-r} + a_q u_{n-r+q} - u_n = 0 \pmod{1}$$

を満たしている．つまり，隣り合う超平面の間隔の最大値は少なくとも $1/\sqrt{a_0^2 + a_q^2 + 1}$ となる．a_0 と a_q が小さければ，スペクトル検定は合格しないので注意する必要がある．

ここで詳しく紹介するのは，上の方法に少し変更を加えたアプローチである．M は特殊な形をした素数とする．さらに $a_0 = a_q = 1$ とする．これで乗算の必要がなくなるので，乱数生成速度は非常に速くなる．ただし，これだけでは特性多項式を原始3項式にすることがほとんど不可能になるので，何か新しいアイデアが必要である．1991年，Marsaglia と Zaman は次のような方法を提案した [46]．それは *add-with-carry* (AWC) 法と *subtract-with-borrow* (SWB) 法と呼ばれるもので，以下のように定義される．I を特性関数，すなわち引数が真のとき1をとり，そうでない場合は0をとる関数とする．以下 $r > q$ とする．$n = r, r+1, r+2,...$ として，AWC は

$$x_n = x_{n-q} + x_{n-r} + c_n \pmod{b} \tag{2.7}$$

$$c_{n+1} = I(x_{n-q} + x_{n-r} + c_n \geq b) \tag{2.8}$$

と定義される．また，AWC の補数版 (AWC-c) を

$$x_n = 2b - 1 - x_{n-q} - x_{n-r} - c_n \pmod{b}$$

$$= -x_{n-q} - x_{n-r} - c_n - 1 \pmod{b}$$

$$c_{n+1} = I(x_{n-q} + x_{n-r} + c_n \geq b)$$

と定義する．ここで，c_n は繰上げ (carry) と呼ばれるパラメーターであり，定義から，その値は 0 か 1 しかとらない．

SWB には2種類 (SWB-I と SWB-II) ある．SWB-I は

$$x_n = x_{n-q} - x_{n-r} - c_n \pmod{b}$$

$$c_{n+1} = I(x_{n-q} - x_{n-r} - c_n < 0)$$

と定義され，SWB-II は

$$x_n = x_{n-r} - x_{n-q} - c_n \pmod{b}$$

$$c_{n+1} = I(x_{n-r} - x_{n-q} - c_n < 0)$$

と定義される．ここで，c_n は繰下げ (borrow) と呼ばれるパラメーターで，0 か 1 しか値をとらない．

　AWC，SWB どちらの場合もその最大周期は $M - 1$ である．ここで，M は AWC, AWC-c, SWB-I，あるいは SWB-II に対して，それぞれ $b^r + b^q - 1$, $b^r + b^q + 1$, $b^r - b^q + 1$, あるいは $b^r - b^q - 1$ である．したがって，例えば $b \approx 2^{30}$ かつ $r = 10$ とすれば，最大周期はおよそ 2^{300} で非常に大きくなる．最大周期を実現するには，M が素数で かつ b が M を法とする原始根となるように，パラメーター (r, q, b) を選ぶ必要がある．Marsaglia と Zaman は，そのような条件を満たす具体的なパラメーターを求め，その値を公開している．

　これらの方式による乱数列が最大周期になるということは，次のようなメリットを生むことになる．数列 $x_n, n = 1, 2, ...,$ の引き続く r 項による r 次元点列 $(x_n, x_{n+1}, ..., x_{n+r-1}), n = 1, 2, ...,$ を考えてみよう．これらの点の座標の取りうる値は，各座標が $0 \leq x_n < b$ となることから高々 b^r である．最大周期が上に述べられた値（およそ b^r）をとるということは，1周期の中に同じ点は二度と現れないことから，座標のすべての可能性がほぼ 1 回ずつ生じていることになる．つまり r 次元一様性がほぼ保証されるのである．

　単位区間 $[0, 1)$ 内に分布する擬似一様乱数 v_n は，AWC または SWB から生成される数列 $x_n, n = 1, 2, ...,$ の引き続く L 項 $(1 \leq L \leq r)$ を使って，

$$v_n = \frac{x_{d(n-1)+L}}{b} + \frac{x_{d(n-1)+L-1}}{b^2} + \cdots + \frac{x_{d(n-1)+1}}{b^L} \tag{2.9}$$

のように作られる．ここで，$d(\geq L)$ は $\mathrm{GCD}(d, M-1) = 1$ を満たす定数である．もし，パラメーター b の値が十分の大きければ（例えば 2^{32} 以上），$L = 1$ としても問題はない．つまり，

$$v_n = \frac{x_{d(n-1)+1}}{b}$$

となる．このようにして得られた乱数列 $v_n, n = 1, 2, ...,$ に関しては，次の興味深い定理が知られている [98]．

定理 2.2.6　$x_n, n = 1, 2, ...,$ をパラメーター (r, q, b) の AWC, AWC-c, SWB-I, または SWB-II から 生成された数列とする．それぞれ M は $b^r + b^q - 1$, $b^r + b^q + 1$, $b^r - b^q + 1$, または $b^r - b^q - 1$ である．このとき，式 (2.9) で定義された数列 $v_n, n = r, r+1, ...,$ は，初期値 X_0 を適当に選んだ線形合同法 $X_n = (b^{-1})^d X_{n-1} \pmod{M}$ による数列 $u_n = X_n/M, n = r, r+1, ...,$ の

各項を L 桁で切り捨てたものになる．ここで，b^{-1} は M を法とするときの b の乗法逆元を表す．

したがって，Marsaglia と Zaman のアイデアは，大きな素数を法とする線形合同法を高速に生成するためのブレイクスルーだったとみなすことができる．この定理は，次のように考えれば理解できる．簡単のため，AWC の場合を考えよう．初期値 $X_0 \neq 0$ を与えたときの X_0/M の b 進展開を

$$\frac{X_0}{M} = \frac{x_{r-1}}{b} + \frac{x_{r-2}}{b^2} + \cdots + \frac{x_{r-n}}{b^n} + \cdots$$

と書くことにする．ここで，$M = b^r + b^q - 1$ である．両辺に M を掛けてみれば，数列 $\ldots, x_{r-n}, \ldots, x_{r-2}, x_{r-1}, \ldots$ の従う漸化式は AWC の漸化式 (2.7) に一致していることがわかる．また，

$$\frac{bX_0}{M} = \frac{x_{r-2}}{b} + \frac{x_{r-3}}{b^2} + \cdots + \frac{x_{r-n-1}}{b^n} + \cdots \pmod{1}$$

となることから，AWC の漸化式に従って数列を生成することは，$n = 1, 2, \ldots$ として

$$\frac{X_{n-1}}{M} = \frac{bX_n}{M} \pmod{1} \quad \text{つまり} \quad \frac{X_n}{M} = \frac{b^{-1}X_{n-1}}{M} \pmod{1}$$

とすることと同値となる．そして，この漸化式は線形合同法そのものである．

次に，任意の状態 $s_0 = (x_{r-1}, x_{r-2}, \ldots, x_0, c_r) \neq (0, \ldots, 0)$ からスタートしても必ず周期サイクルに入ることを言う必要がある．それに答えるのが，次の定理である [98]．

定理 2.2.7 AWC または SWB のすべての状態からなる集合を S，周期サイクルに含まれる状態からなる集合を S^* とする．初期状態 $s_0 \in S$ が $s_0 \neq (b-1, \ldots, b-1, 1)$ を満たすならば，すべての $n \geq r$ に対して，$s_n \in S^*$ となる．

このことから，$v_n, n = r, r+1, \ldots$，は常に周期サイクルに入っていることがわかる．この定理の意味を具体例を使って説明しよう．図 2.4 は SWB

$$x_n = x_{n-2} - x_{n-5} - c_n \pmod{2}$$
$$c_{n+1} = I(x_{n-2} - x_{n-5} - c_n < 0)$$

から生成されるすべての状態

$$(x_n, x_{n-1}, x_{n-2}, x_{n-3}, x_{n-4}, c_{n+1}), \quad n = 4, 5, \ldots$$

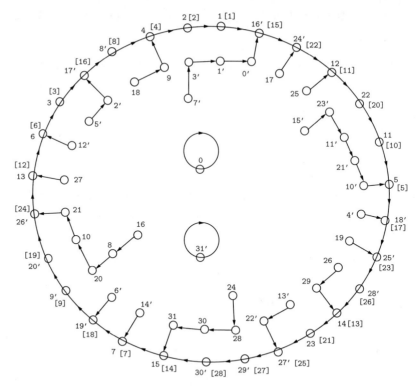

図 2.4 SWB, $x_n = x_{n-2} - x_{n-5} - c_n \pmod{2}$, によって生成されるすべての状態 $(x_n, x_{n-1}, x_{n-2}, x_{n-3}, x_{n-4}, c_{n+1}), n = 4, 5, ...,$ の遷移図

を遷移図として表わしたものである．各ノードに付けられた整数は，その2進表現が $x_n 2^4 + x_{n-1} 2^3 + x_{n-2} 2^2 + x_{n-3} 2 + x_{n-4}$ となることを意味している．さらに，その整数に記号 (′) が付いている場合は $c_{n+1} = 1$ を，付いていない場合は $c_{n+1} = 0$ を意味する．また，括弧で囲んだ数は対応する線形合同法

$$X_n = 2^{-1} X_{n-1} = 15 X_{n-1} \pmod{29}$$

から生成される数列を示している．

ここで，周期の大きな線形合同法のラティス構造について次の重要な点について触れておく必要がある．一般に，単位区間 $[0,1)$ 内に分布する乱数 u_n は M で正規化した後，b 進展開したものとして表現されている．

$$u_n = \frac{X_n}{M} = \frac{x_1^{(n)}}{b} + \frac{x_2^{(n)}}{b^2} + \cdots + \frac{x_L^{(n)}}{b^L} + \cdots$$

通常はコンピューターが 2 進であることから $b=2$ とするのがふつうである．現実のコンピューターでは実数を有限精度でしか表現できないため，数列 u_n も有限で打ち切られたものが実際には使われることになる．u_n を L 桁で打ち切ったものを $\tilde{u}_n$ としよう．つまり，

$$\tilde{u}_n = \frac{x_1^{(n)}}{b} + \frac{x_2^{(n)}}{b^2} + \cdots + \frac{x_L^{(n)}}{b^L}$$

である．したがって，s 次元超立方体内の点は，正確には

$$P_n^{(s)} = (u_n, ..., u_{n+s-1})$$

ではなく，

$$\tilde{P}_n^{(s)} = (\tilde{u}_n, ..., \tilde{u}_{n+s-1})$$

を用いることになる．すると，点 $P_n^{(s)}$ と点 $\tilde{P}_n^{(s)}$ の Euclid 距離は高々 $\sqrt{s}/b^L$ である．例えば，32 ビットコンピューターでは，だいたい 2^{-30} ぐらいの値である．したがって，周期が 2^m の点列 $P_n^{(s)}, n=1,2,...,$ が s 次元空間のラティスを構成するという場合，隣り合う超平面の間隔の最大値は少なく見積もっても $2^{-m/s}$ ぐらいはあるので，$m/30 < s$ ならば 2^{-30} より大きくなる．したがって，次元 s が十分大きければ周期の大きい点列 $P_n^{(s)}, n=1,2,...,$ のラティス構造は近似点列 $\tilde{P}_n^{(s)}, n=1,2,...,$ によって調べることが可能になる．

具体的に AWC/SWB とそれに対応する線形合同法とのずれについて見てみよう．まず，$L=1$ の場合は，

$$0 \leq u_n - v_n = \frac{x_{d(n-1)}}{b^2} + \frac{x_{d(n-1)-1}}{b^3} + \cdots \leq \frac{1}{b}$$

となる．$b > 2^{32}$ とするので，v_n と u_n のずれはコンピューターの単精度より小さい．したがって，数列 $v_n = x_{d(n-1)+1}/b, n=1,2,...,$ は数列 $u_n, n=1,2,...,$ にほとんど一致するとみなしてもよい．そしてこの数列は線形合同法 $X_n = (b^{-1})^d X_{n-1} \pmod{M}$ から生成したものである．しかし前にも述べたとおり，もし $L=d=1$ ととると，そのラティス構造は $r+1$ 次元以上では一様分布からはほど遠いものになる．AWC の場合で説明しよう．簡単にわかることだが，$r+1$ 次元点列 $(v_n, v_{n+1}, ..., v_{n+r}), n=1,2,...,$ は超平面群の方程式

$$v_n - v_{n-s} - v_{n-r} = j \quad \text{あるいは} \quad j + \frac{1}{b}$$

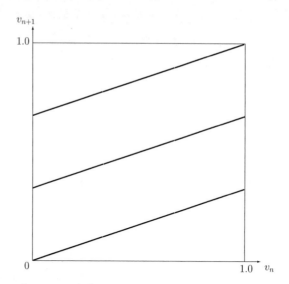

図 2.5 $v_n = \sum_{j=0}^{8} x_{9n+j} 2^{j-9}$ としたときの 2 次元点列 $(v_n, v_{n+1}), n = 1, ..., 508,$ の分布．ここでは SWB として式 (2.10) を用いている

を満たしている．ここで，$j = -2, -1, 0, 1$ であり，$1/b$ は非常に小さい．j の値のそれぞれに対して，双子の超平面がそれぞれ j と $j+1/b$ に対応して存在しているが，その二つは十分近いので 1 枚の超平面とみなしてしまえば，隣り合う超平面の距離は，$\left(1^2 + (-1)^2 + (-1)^2\right)^{-1} = 1/\sqrt{3} = 0.577...$ となる．この値が非常に大きいことから，ラティス構造は一様分布からほど遠いことがわかる．結論として $L = 1$ では $d > 1$ としなければならない．

次に，$L > 1$ の場合は，

$$0 \leq u_n - v_n = \frac{x_{d(n-1)}}{b^{L+1}} + \frac{x_{d(n-1)-1}}{b^{L+2}} + \cdots \leq \frac{1}{b^L}$$

より，これまた u_n と v_n の違いは無視できるほど小さくなる．図 2.5 に簡単な例を示している．この 2 次元プロットは SWB-I

$$x_n = x_{n-2} - x_{n-9} - c_n \pmod{2} \tag{2.10}$$
$$c_{n+1} = I(x_{n-2} - x_{n-9} - c_n < 0)$$

(初期値 $(x_1, ..., x_9, c_{10}) = (1, 0, ..., 0)$) により生成した 2 値数列の引き続く $L(= d = 9)$ ビットから

$$v_n = \frac{x_{9n+8}}{2} + \frac{x_{9n+7}}{4} + \cdots + \frac{x_{9n}}{2^9}$$

として一様乱数を作り，その全周期 $2^9 - 2^2 = 508$ にわたる 2 次元点列 (v_n, v_{n+1}) をプロットしたものである．$2^{-9} = 170 \pmod{509}$ なので，これを図 2.1（上図）と比べてみよう．後者は線形合同法

$$X_n = 170 X_{n-1} \pmod{509}$$

による点列の 2 次元プロットである．切り捨て誤差による微妙な違いはあるが，両者はほとんど変わらないことがわかる．もし $L = 9$ かつ $d = 55$ とパラメーターを選んで一様乱数 $v_n, n = 1, 2, ...$，を作り，同様に 2 次元点列をプロットすれば $2^{-55} = 59 \pmod{509}$ なので，図 2.1（下図）とほとんど同じものになる．つまり，線形合同法としては一様に分布したものになる．このことは，AWC/SWB を用いて一様乱数を構成する場合，L に比べ d を比較的大きくすることでラティス構造の一様なものが得られることを意味している．

最後に，Knuth [32] が推奨している周期の非常に大きい二つの線形合同法を紹介しよう．二つとも Marsaglia-Zaman の論文で提案された SWB を用いている．一つは，次の SWB-I

$$x_n = x_{n-10} - x_{n-24} - c_n \pmod{2^{24}}$$
$$c_{n+1} = I(x_{n-10} - x_{n-24} - c_n < 0)$$

により，$x_n, n = 1, 2, ...$，を生成するのであるが，389 項生成して最初の 24 項のみ用いて乱数を一つ生成する．つまり，$L = 24, d = 389$ とするのである．対応する線形合同法 $(a, 0, M)$ は

$$M = 2^{24 \times 24} - 2^{24 \times 10} + 1 \approx 2^{576}$$
$$a = 2^{-24 \times 389} \pmod{M}$$

となる．

もう一つは，SWB-I

$$x_n = x_{n-22} - x_{n-43} - c_n \pmod{2^{32} - 5}$$
$$c_{n+1} = I(x_{n-22} - x_{n-43} - c_n < 0)$$

を用いて，$L = 43, d = 400$ とするのである．対応する線形合同法 $(a, 0, M)$ は

$$M = (2^{32} - 5)^{43} - (2^{32} - 5)^{22} + 1 \approx 2^{1376}$$

$$a = (2^{32} - 5)^{-400} \pmod{M}$$

となる．

どちらについても Knuth はスペクトル検定を 6 次元まで行い，非常によい結果を得ている．先にも述べたとおり，スペクトル検定を行うためには，ラティスの非ゼロ最小ベクトルを求める問題を解く必要があるが，この問題はラティスの次元に関して NP-hard として知られる計算困難な問題である．Knuth によれば（1990 年代），10 次元以上では相当な計算時間が必要になる問題だった．今日のスーパーコンピューターでも 100 次元以上は実質困難と考えてよい．したがって，上に述べた AWC あるいは SWB を使えば，いくらでも大きな周期の線形合同法を実現できるにもかかわらず，それらにスペクトル検定を適用する段階でこの計算困難という大きな壁にぶつかってしまうのである．例えば解像度 $(\log_2 P)/s$ の式において $P = 2^{1376}, s = 100$ とすると理想的な解像度は 13.76 ビットになるので，与えられた線形合同法の解像度がこの値に近くなるかどうかを調べることが必要になる．ところが，それを現実には調べることができないという大きなジレンマが生じてしまうのである．

次の節で詳しく紹介する GFSR 法は，このジレンマをうまく解決した方法とみることができる．

2.3　GFSR 法

GFSR(Generalized Feedback Shift Register) 法 [43] と呼ばれる一様乱数生成法を定義する前に，M 系列と呼ばれる 2 値 (0 と 1) の周期列について述べる必要がある．それは $n = r, r+1, \ldots$ として，線形漸化式

$$x_n = a_{r-1} x_{n-1} + \cdots + a_1 x_{n-r+1} + x_{n-r} \pmod{2}$$

により生成される 2 値数列である．ここで，$a_1, \ldots, a_{r-1}$ は 0 または 1 の値をとるものとし，$x_0, x_1, \ldots, x_{r-1}$ は少なくとも一つが 0 ではないような初期値とする．上の漸化式の特性多項式

$$f(z) = z^r + a_{r-1} z^{r-1} + \cdots + a_1 z + 1 \tag{2.11}$$

が $GF(2)$ 上の原始多項式のときに生成される 2 値数列は最大周期 $2^r - 1$ を

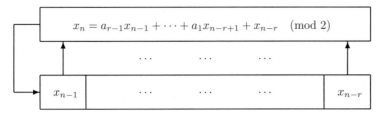

図 **2.6** フィードバック・シフトレジスターの例

もつことが知られている．この 2 値最大周期列が **M 系列**（maximum period sequences）と呼ばれるもので，フィードバック・シフトレジスター（図 2.6）という基本的な電子回路によって実現されることから，現在では，カーナビ，無線 LAN など様々な応用をもつ重要な技術の一つになっている．

GFSR 乱数は，この M 系列 $x_1, x_2, ...$ を用いて擬似一様乱数を

$$u_n = \frac{x_n}{2} + \frac{x_{n+j_1}}{4} + \cdots + \frac{x_{n+j_{L-1}}}{2^L}, \quad n = 1, 2, ...$$

というふうに生成するものである．ここで，L は計算機の語長であり，通常は 32 または 64 である．また $0 \leq j_1, ..., j_{L-1} < 2^r - 1$ はシフトレジスター乱数の「位相パラメーター」と呼ばれるもので，これが GFSR 乱数のよしあしを決定している．また GFSR 乱数の周期は M 系列の周期と同じ $2^r - 1$ になることは容易にわかる．単純に GFSR 乱数生成アルゴリズムをソフトウェアで組むとすると，r 個の初期値配列 $(u_1, u_2, ..., u_r)$ をとり，式 (2.11) の特性多項式 $f(x)$ をもつ漸化式にしたがって乱数を一つずつ生成すればよい．特性多項式が原始 3 項式 $x^r + x^q + 1, (r > q)$ であれば，漸化式は

$$u_{n+r} = u_{n+q} \text{ XOR } u_n, \quad n = 1, 2, ...$$

となり，たった 1 回の XOR で乱数 1 個が生成できることになる．ここで XOR は bitwise-exclusive-OR（ビットごとの排他的論理和）を意味している[6]．原始多項式の非零の係数は通常 $r/2$ ぐらいなのでその場合は $r/2$ 回の XOR 演算が必要になるが，それに比べれば非常に高速である．また，初期値配列を決定するということは，

- 位相パラメータ $j_1, ..., j_{L-1}$ を任意に選べる
- 一周期の中の好きな場所からスタートできる

という二つの自由度がもてることを意味している．

[6] たいていのプログラミング言語（Java，C，Fortran など）はこの演算命令を含んでいる．

80年代，上の3項式を用いたGFSR乱数生成がはやったことがあったが，大規模なシミュレーションでは，そのあまりの単純さ（非ランダム性）ゆえに，理論値が分かっているシミュレーションに用いても正しい値が計算できないという報告が相次いだために，今日ではほとんど使われなくなっている．特に計算物理のシミュレーション分野で大きな騒ぎになったのは，1990年代初め Ferrenberg ら [19] によって，その頃よく使われていた乱数生成法がほとんどすべて使い物にならないことが指摘されたときである．彼らはイジングモデル・シミュレーションのために当時提案されたばかりであった「Wolffのアルゴリズム」（詳細は [21, p.259] を参照）と呼ばれる方法と様々な乱数生成法を組み合わせて計算をしたのだが，臨界温度周辺では計算値が理論値に正しく収束しなかったのである．この結果は擬似乱数が本質的に内蔵している長期相関の影響が現われたと今日では解釈されている．別の見方をすれば，彼らの行ったシミュレーションは擬似乱数にとっては非常に厳しい検定だったといえる．Ferrenberg らの結果は 3 項式 GFSR 乱数に限らず，漸化式が3項式あるいはその変形となっている他の方法にも共通して成り立つもので，例えば XOR の代わりに足し算や引き算を用いるようなものも含まれている [97,106]．また AWC/SWB でも $d=L$ とした場合が該当している[7]．

歴史的には，次に述べる Tausworthe 乱数 [78] と呼ばれるものが初めに定義され，その一般化として GFSR 乱数が導かれたという経緯があり，また後に述べるラティス構造とも深く関連するので，Tausworthe 乱数の定義を下に与えておこう．

定義 2.3.1 $x_1, x_2, \ldots$ を周期 $2^r - 1$ の M 系列とするとき，**Tausworthe 乱数**は次のように定義される．$n = 1, 2, \ldots$ に対して

$$u_n = \frac{x_{dn+1}}{2} + \frac{x_{dn+2}}{4} + \cdots + \frac{x_{dn+L}}{2^L}$$

である．ここで，d は $0 < d < 2^r - 1$ かつ $\mathrm{GCD}(d, 2^r - 1) = 1$ を満たす定数とする．

条件 $\mathrm{GCD}(d, 2^r - 1) = 1$ より，$x_1, x_{d+1}, x_{2d+1}, \ldots$ もまた M 系列になることから[8]，Tauswothe 乱数は次のように定義してもよい．

定義 2.3.2 $x_1, x_2, \ldots$ を周期 $2^r - 1$ の M 系列とするとき，Tausworthe 乱数は次のように定義される．$n = 1, 2, \ldots$ に対して

$$u_n = \frac{x_n}{2} + \frac{x_{n+e}}{4} + \cdots + \frac{x_{n+(L-1)e}}{2^L}$$

---

[7] ただし，この場合については前節にも述べたとおり，線形合同法で近似することができ，かつそのラティス構造が悪いことから理論的にも説明がつく．

[8] ただし，d の値によっては特性多項式は異なる原始多項式になる．

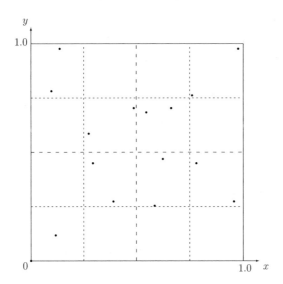

図 2.7 2次元平面における16点の分布の例：解像度1ビットの一様性

である．ここで，e は $0 < e < 2^r - 1$ かつ $\mathrm{GCD}(e, 2^r - 1) = 1$ を満たす定数とする．

このことから，Tausworthe 乱数が GFSR 乱数の特殊な場合であることがわかる．

GFSR 乱数の一様性は次のように定義されている [20,78]．まず，GFSR 乱数の引き続く s 項から構成される s 次元単位超立方体内の点集合に原点を付加した集合

$$P = \{(u_n, u_{n+1}, ..., u_{n+s-1}), n = 1, 2, ..., 2^r - 1\} \cup (0, ..., 0)$$

を考える．GFSR 乱数の s 次元一様性は，$l \geq 0$ を整数として，単位超立方体の各辺を 2^l 等分して得られる各小超立方体が，点集合 P を均等に分割するかどうかで判定する．与えられた点集合 P に対し s 次元一様性を満たす l の最大値は一意に決まるが，それを GFSR 乱数の s 次元一様性の「解像度」と呼ぶ．$|P| = 2^r$ なので，解像度の最大値は s 次元では $\lfloor r/s \rfloor$ であり，最小値は 0 である．解像度が大きいほど GFSR 乱数の一様性が高いことになる．図 2.7 には 2 次元単位平面上に 16 個の点が分布している例が示してある．縦横ともに 2 等分（上位 1 ビット）してみると全部で 4 個の小正方形に同じ数の点（各 4 点）が分布していることがわかる．また縦横共に $2^2 = 4$ 等分（上位

2ビット）してみると，全部で16個の小正方形にわかれるが，もはやこの場合は各小正方形が同じ点数を含んではおらず，点を含む小正方形と点を含まない小正方形に分かれてしまっている．したがって，この例における16点集合の2次元一様性は解像度1ビットになる．

GFSR乱数のうち，周期が素数でかつすべての次元 s ($\lfloor r/L \rfloor \leq s \leq r$) に対して最大解像度が実現されたものは「漸近的にランダムな L ビット GFSR 乱数」と呼ばれている[9]．

9) したがって周期 2^r-1 は Mersenne 素数になる．

2.3.1 線形合同法の多項式版

ここでは，まず初めに有限体 $GF(2)$ 上の多項式に基づく線形合同法を考えたい [83, 87]．オリジナルの線形合同法は整数の合同式で定義されていたが，整数を多項式にすべて置き換えてみると，整数 $n = 1, 2, ...$ に対して

$$f_n(z) = g(z)f_{n-1}(z) + h(z) \pmod{M(z)}$$

が得られる．ここで，$g(z), h(z), M(z)$，および $f_n(z)$ は $GF(2)$ 上の多項式とし，$\deg(M) = r$ とする．また $f_0(z)$ は初期値である．得られた多項式の列 $f_n(z), n = 1, 2, ...$，を，線形合同法にならって $M(z)$ で割って正規化してみると，級数を使って

$$\frac{f_n(z)}{M(z)} = \frac{x_1^{(n)}}{z} + \frac{x_2^{(n)}}{z^2} + \cdots \quad (2.12)$$

と表せる．計算はすべて $GF(2)$ 上で行われるので，$x_j^{(n)}, j = 1, 2, ...,$ は2値（0または1）の数列になる．以下，このようにして得られる $GF(2)$ 上の級数列を「多項式線形合同法列」と呼ぶことにしよう．擬似一様乱数としては単位区間 $[0, 1)$ 内の実数が必要になるので，$z = 2$ を代入して L ビットで打ち切る操作を η_L で書くことにすると

$$u_n = \eta_L\left(\frac{f_n(z)}{M(z)}\right) := \frac{x_1^{(n)}}{2} + \frac{x_2^{(n)}}{4} + \cdots + \frac{x_L^{(n)}}{2^L}$$

として得られる実数列 $u_n, n = 1, 2, ...,$ を擬似乱数として使おうというのである．

さて，上の式 (2.12) において両辺に $M(z)$ を掛けると，各 $z^{-j}, j \geq -r$，の係数が等しくなることから，$x_j^{(n)}, j = 1, 2, ...,$ の従う線形漸化式はその特性

多項式が $M(z)$ に一致していることがわかる．したがって，$M(z)$ を $GF(2)$ 上の原始多項式とすれば，2 値数列 $x_j^{(n)}$, $j = 1, 2, ...,$ は周期 $2^r - 1$ の M 系列になる．さらに $g(z) = z^d \pmod{M(z)}$ かつ $h(z) = 0$ とし，

$$\frac{f_0(z)}{M(z)} = \frac{x_1}{z} + \frac{x_2}{z^2} + \cdots$$

と書くことにすれば，面白いことに，数列 u_n, $n = 1, 2, ...,$ は Tausworthe 乱数（定義 2.3.1）に一致するのである．

上の議論から明らかであるが，前の節で説明した線形合同法の場合と同じように，多項式線形合同法による級数列の引き続いた s 項

$$\left(\frac{f_n(z)}{M(z)}, ..., \frac{f_{n+s-1}(z)}{M(z)} \right), \quad n = 1, 2, ...,$$

もラティスを構成していることになる[10]．このラティスの基底は線形合同法の場合と同様にして

$$e_1 = \frac{1}{M(z)}(1, g(z), ..., g(z)^{s-1}),$$
$$e_2 = (0, 1, 0, ..., 0),$$
$$\vdots \quad \vdots$$
$$e_k = (0, 0, ..., 0, 1)$$

と表すことができる．線形合同法の場合には定数ベクトル γ が現れたが，Tausworthe 乱数では $h(z) = 0$ なので，それに対応するものを考える必要がない．以下では，$h(z) = 0$ とした多項式線形合同法から得られるラティスを「Tausworthe 乱数から導かれるラティス」と呼び，$\mathcal{L}_s$ で表すことにする．

最も知りたいことは，先に定義した GFSR 乱数の s 次元一様性と上で導いたラティス $\mathcal{L}_s$ との間にどういう関係があるかである．それを次に示そう．まず準備である．b を素数ベキとして，$GF(b)$ 上の形式的 Laurent 展開

$$S(z) = \sum_{j=w}^{\infty} x_j z^{-j}$$

から構成される体を $GF\{b, z\}$ で表すことにする．ここで，任意の整数 j に対して $x_j \in GF(b)$ であり，w は $x_w \neq 0$ を満たす整数とする．また $GF\{b, z\}$ 上の付値 ν は次のように定義される．

[10] ただし，この場合の「ラティス」とは，$GF(2)$ 上の級数を成分とする s 次元ベクトルを考え，そのようなベクトルを s 個線形独立に選び，$GF(2)$ 上の多項式を係数として線形結合したものである．

$$\nu(S) = \begin{cases} -w & \text{もし } S(z) \neq 0 \text{ ならば} \\ -\infty & \text{その他} \end{cases}$$

付値 $\nu(S)$ に関する重要な性質を述べておこう.

性質 2.3.3 形式的 Laurent 展開 $S_1(z), S_2(z) \in GF\{b, z\}$ に対して,

$$\nu(S_1 S_2) = \nu(S_1) + \nu(S_2),$$

$$\nu(S_1 + S_2) \leq \max(\nu(S_1), \nu(S_2)),$$

$$\nu(S_1 + S_2) = \max(\nu(S_1), \nu(S_2)), \quad (\nu(S_1) \neq \nu(S_2))$$

が成立する.

一つ注意したいのは,体 $GF\{b, z\}$ は $GF(b)$ 上の有理関数体を真部分集合として含んでいることである.また, $S_1(z), S_2(z)$ を $GF(b)$ 上の多項式としたとき, $S_2(z) \neq 0$ ならば, $\nu(S_1/S_2) = \deg(S_1) - \deg(S_2)$ となることに注意したい.そして $GF\{b, z\}$ 上の s 次元ベクトル $\boldsymbol{v} = (v_1, ..., v_s)$ のノルムを

$$|\boldsymbol{v}| = \max_{1 \leq i \leq s} \nu(v_i)$$

と定義する[11].

さて, $h(z) = 0$ とした多項式線形合同法から生成される級数列の引き続く s 項から成るベクトルの全体を P で表すと,

$$P \cup (0, ..., 0) = \mathcal{L}_s \cap C_0^{(s)}$$

が成立している.ここで, l は非負整数として

$$C_{-l}^{(s)} = \{\boldsymbol{v} \in GF\{2, z\}^s \mid |\boldsymbol{v}| < -l\}$$

と定義する. s 次元単位超立方体 $[0, 1)^s$ を各座標軸 2^l 等分して得られる小超立方体を

$$E_s(l) = \left\{ \prod_{i=1}^{s} \left[\frac{h_i}{2^l}, \frac{h_i + 1}{2^l} \right) \;\middle|\; 0 \leq h_1, ..., h_s < 2^l \right\}$$

と表すことにし,関数 $f_l : C_{-l}^{(s)} \to \mathbb{N} \cup \{0\}$ を

[11] $s = 1$ では $|\boldsymbol{v}| = |v_1| = \nu(v_1)$ となることに注意.

$$f_l(h_1,...,h_s) = \left| \left\{ (v_1,...,v_s) \in P \;\middle|\; (\eta_l(v_1),...,\eta_l(v_s)) \in \prod_{i=1}^{s}\left[\frac{h_i}{2^l},\frac{h_i+1}{2^l}\right) \right\} \right|$$

と定義する．また，非負整数 m に対して，

$$\varphi_{l,s}(m) = \left| \{ (h_1,...,h_s) \mid f_l(h_1,...,h_s) = m \} \right|$$

を定義する．これは各小超立方体 $E_s(l)$ のうち，m 個の点を含んでいるものの総数である．さらに，有限体上の級数に基づくラティスに関して successive minima を定義しておく必要がある．

定義 2.3.4 $GF\{b,z\}$ 上の s 次元ラティスの非ゼロベクトルのうちの 最小ノルムのベクトルを $\boldsymbol{v}_1$ と書くとき，$|\boldsymbol{v}_1|$ を **1 番 successive minimum** と呼ぶ．$2 \leq i \leq s$ に対しては小さい順に定義していく．$\boldsymbol{v}_1, \boldsymbol{v}_2, ..., \boldsymbol{v}_{i-1}$ と $GF\{b,z\}$ 上で線形独立となるベクトルのうちの最小ノルムのベクトルを $\boldsymbol{v}_i$ と書くとき，$|\boldsymbol{v}_i|$ を **i 番 successive minimum** と呼ぶ．

この定義から直ちにわかることは，$-\infty < |\boldsymbol{v}_1| \leq \cdots \leq |\boldsymbol{v}_s|$ である．また，上のようにして得られるベクトル $\boldsymbol{v}_1,...,\boldsymbol{v}_s$ はラティスの基底を構成していることが Mahler により示されている [44]．これらの基底はラティスの縮約基底と呼ばれている．以上の準備の下，Tausworthe 乱数のラティス構造と一様性に関する次の定理が導かれる [12]．

定理 2.3.5 整数 $l_i, i = 1,...,s,$ を Tausworthe 乱数から導かれるラティス $\mathcal{L}_s$ の i 番 successive minimum とする．また $d(l)$ を次のように定義する[12]．

$$d(l) = \sum_{i=1}^{s}(-l-l_i)^+ \tag{2.13}$$

[12] 記号は $(t)^+ = \max(t,0)$ の意味である．

そのとき，すべての m の値に対して $\varphi_{l,s}(m)$ の値が表 2.2 のように与えられる．ただし，$\varphi_{l,s}(m) = 0$ となる場合は除いている．

表 2.2 非負整数 l が与えられたときの m と $\varphi_{l,s}(m)$ の値

m: 小超立方体内の点の数	$\varphi_{l,s}(m)$: 小超立方体の数
$2^{d(l)}$	$2^{r-d(l)} - 1$
$2^{d(l)} - 1$	1
0	$2^{ls} - 2^{r-d(l)}$

表 2.2 の第 3 行は，原点が P に含まれないことから必要になる．一つ注意したいことは，$ls = r - d(l)$ が成り立つときには $m = 0$ は決して起きないことである．

上の定理から，いくつか重要な系を導くことができる．

系 2.3.6 Tausworthe 乱数から導かれるラティス $\mathcal{L}_s$ の点が各小超立方体 $E_s(l)$ にちょうど 2^{r-ls} 個ずつ含まれるための必要十分条件は $-l_s \geq l$ である．

この系は，Tausworthe 乱数の s 次元一様性の解像度は $\min(-l_s, L)$ に等しいということを意味している．

次の系は，1 番 successive minimum l_1 が s 次元一様性に対して果たす役割を述べている．

系 2.3.7 Tausworthe 乱数から導かれるラティス $\mathcal{L}_s$ の点が各小超立方体 $E_s(l)$ に高々 1 個含まれるための必要十分条件は $-l_1 \leq l$ である．

次の系は，$-\sum_{i=1}^{s} l_i = r$ および $l_1 \leq l_2 \leq \cdots \leq l_s \leq 0$ を用いることで導くことができる．

系 2.3.8 Tausworthe 乱数から導かれるラティス $\mathcal{L}_s$ において，もし $l_s - l_1 \leq 1$ が成り立てば，$-l_s = \lfloor r/s \rfloor$ である．

この系は Tausworthe 乱数が s 次元において最大解像度をもつための十分条件をあたえているので，漸近的にランダムな Tausworthe 乱数を探す際に有益である．

上の系 2.3.6 を線形合同法のスペクトル検定との関わりからもう少し見てみよう．Tausworthe 乱数から導かれるラティス $\mathcal{L}_s$ の双対ラティス[13] $\bar{\mathcal{L}}_s$ の基底は，線形合同法の場合と同様に，

$$\bar{e}_1 = (M(z), 0, 0, ..., 0),$$
$$\bar{e}_2 = (g(z), 1, 0, ..., 0),$$
$$\vdots$$
$$\bar{e}_s = (g(z)^{s-1}, 0, ..., 0, 1)$$

と書くことができる．この双対ラティスの非ゼロ最小ベクトルを考えてみよう．そのノルムは定義 2.3.4 から双対ラティスの 1 番 succesive minimum を意味している．以下，$\bar{l}_1, ..., \bar{l}_s$ で双対ラティス $\bar{\mathcal{L}}_s$ の succesive minima を表すことにする．線形合同法のときと同じように考えて，多項式係数 $t_1(z), .., t_s(z)$

---

[13] この場合は，定義 2.2.5 において「内積 $(\boldsymbol{x}, \boldsymbol{y})$ が多項式となる」と改める必要がある．

による基底の線形結合のノルム

$$\left|\sum_{i=1}^{s} t_i(z)\bar{e}_i\right| = \left|\left(t_1(z)M(z) - t_2(z)g(z) - \cdots - t_s(z)g(z)^{s-1}, t_2(z), ..., t_s(z)\right)\right|$$

を最小化すればよい．線形合同法の場合と同様に考えれば，非ゼロ最小ベクトルのノルム δ_s は

$$\delta_s = \min |\boldsymbol{k}| = \min \max_{1 \leq i \leq s} \nu(k_i) = \bar{l}_1$$

となる[14]．ここで，minimum は

$$k_1(z) + k_2(z)g(z) + \cdots + k_s(z)g(z)^{s-1} = 0 \pmod{M(z)} \tag{2.14}$$

を満たす多項式解 $\boldsymbol{k} = (k_1(z), ..., k_s(z)) \neq (0, ..., 0)$ すべてに関してとるものとする．

ここで，有名な Mahler の定理 [44]，すなわち $i = 1, ..., s$ に対して

$$\bar{l}_i + l_{s-i+1} = 0$$

が成立することと系 2.3.6 の結果を用いることで次の定理が得られる [79, 83, 87]．

定理 2.3.9 任意の $s \geq 1$ に対して，Tausworthe 乱数の s 次元一様性の解像度は $\min(\delta_s, L)$ に等しい．

この結果は，線形合同法のスペクトル検定に対応するものが Tausworthe 乱数に対しても考えることができるという意味であり，それは「Walsh スペクトル検定」[79] と呼ばれている．また，経験的に Knuth's Maxim がこの検定に対しても通用することが知られている．

ここで最も重要な点は，Walsh スペクトル検定に必要となる計算時間が線形合同法のスペクトル検定の場合と著しく異なるということである．「有限体上の級数に基づいたラティスの非ゼロ最小ベクトルを求める問題」は，実数上のラティスの場合とは異なり，「Lenstra の方法」[38] と呼ばれる高速なアルゴリズムが提案されている．そのため，10000 次元を超えるようなラティスでも現実的な時間内で最小ベクトルを計算することが可能なのである．つまり周期が 2^{10000} を超えるような場合でも，その一様性を 10000 次元以上まで調べることが可能になる．

図 2.8 に Lenstra のアルゴリズムの擬似プログラムを示す．$GF\{b, z\}^s$ のラティスを入力としている．

---

[14] ベクトルのノルムを L_1 ノルムにすると，第 2 部で紹介するディスクレパンシーに結び付くことになる [80, 82]．

```
擬似プログラム LENSTRA
入力:   ランクが $s \geq 2$ の基底 $v_1, ..., v_s \in GF\{b, z\}^s$
出力:   (2.15)–(2.17) を満たす縮約基底 $v_1, ..., v_s$
begin
    $m = 0$; $|v_0| = -\infty$;
    while $m < s$ do
        $|v_{m+1}| = \min_{m+1 \leq i \leq s} |v_i|$ となるように $\{v_{m+1}, ..., v_s\}$ を並べ替える.
        if $m > 0$ then
            $GF(b)$ の元 $a_{ij}$ ($1 \leq i \leq m+1$, $1 \leq j \leq m$) を, $v_{ij}$ の形式的 Laurent
            展開における $z^{|v_i|}$ の係数に等しくとり, $GF(b)$ 上の $m \times m$ 行列
            $A = (a_{ij})_{1 \leq i, j \leq m}$ を作る.
            $x = (x_1, ..., x_m)^\top$ および $c = (a_{m+1,1}, ..., a_{m+1,m})^\top$ をそれぞれ $GF(b)$
            上の $m$ 次元ベクトルとして, 線形方程式 $Ax = c$ を解く.
            $\hat{v}_{m+1} = v_{m+1} - \sum_{i=1}^{m} x_i v_i z^{|v_{m+1}| - |v_i|}$ とおく.
        if $|\hat{v}_{m+1}| = |v_{m+1}|$ then
            $v_{m+1} = \hat{v}_{m+1}$;
            $|v_{m+1,m+1}| = |v_{m+1}|$ となるように $v_1, ..., v_s$ の座標を並べ替える.
            $m = m + 1$;
        else
            $v_{m+1} = \hat{v}_{m+1}$;
            $m = \max\{l \mid |v_l| \leq |v_{m+1}|, l = 0, 1, ..., m\}$;
    end
end
```

図 2.8 Lenstra のアルゴリズム

このアルゴリズムは次の定理に基づいている.

定理 2.3.10 $v_1, ..., v_s$ を $GF\{b, z\}^s$ のラティスの基底とする. ここで, $v_i = (v_{i1}, ..., v_{is})$, $i = 1, ..., s$, とする. また行ベクトルが $v_1, ..., v_s$ である $s \times s$ 行列を $B = (v_{ij})$ で表すことにする. そのとき, もし B の列ベクトルの順番を入れ換えた行列 $\overline{B} = (\overline{v}_{ij})$ の行ベクトル $\overline{v}_1, ..., \overline{v}_s$ が

$$|\overline{v}_i| \leq |\overline{v}_j| \quad (1 \leq i < j \leq s) \tag{2.15}$$

$$|\overline{v}_{ii}| \geq |\overline{v}_{ij}| \quad (1 \leq i < j \leq s) \tag{2.16}$$

かつ

$$|\overline{v}_{ii}| > |\overline{v}_{ij}| \quad (1 \leq j < i \leq s) \tag{2.17}$$

を満たせば, $\boldsymbol{v}_1, ..., \boldsymbol{v}_s$ は縮約基底になっている.

図 2.8 のアルゴリズムでは, 各 $m \in \{0, 1, ..., s\}$ において, 基底は次の条件を満たすように更新されていくことになる.

$$|\boldsymbol{v}_i| \leq |\boldsymbol{v}_j| \quad (1 \leq i < j \leq m)$$

$$|\boldsymbol{v}_m| \leq |\boldsymbol{v}_j| \quad (m < j \leq s)$$

$$|v_{ii}| \geq |v_{ij}| \quad (1 \leq i \leq m;\ i < j \leq s)$$

かつ

$$|v_{ii}| > |v_{ij}| \quad (1 \leq j < i \leq m)$$

これらの条件から, $a_{ii} \neq 0$ $(1 \leq i \leq m)$ かつ $a_{ij} = 0$ $(1 \leq j < i \leq m)$ であることが言える. したがって, 行列 $A = (a_{ij})$ は正則となり線形方程式 $A\boldsymbol{x} = \boldsymbol{c}$ は常に解を持つことになる.

Lenstra によれば, このアルゴリズムの計算時間は $O(s^4 B_{\max}^2)$ となっている. ここで, $B_{\max} = \max_{i=1}^{s} |\boldsymbol{v}_i|$ であり, 単位演算として $GF(b)$ の四則演算を考えている. また, 彼は Gauss の消去法を用いた場合の計算時間は $O(s^6 B_{\max}^3)$ となることも指摘している.

例 2.3.11 [Tausworthe 乱数のラティス構造]
簡単のため 2 次元の例で見てみよう. 原点も含めると点の総数は 2^r 個である. $\boldsymbol{v}_1, \boldsymbol{v}_2$ をラティス $\mathcal{L}_2$ の縮約基底とする. $-r < |\boldsymbol{v}_1| \leq |\boldsymbol{v}_2| < 0$ なので, 各小正方形 $E_2(-|\boldsymbol{v}_2|-1)$ は $2^{r+2|\boldsymbol{v}_2|}$ 個の 4 点集合を含んでおり, その集合はラティス $\mathcal{L}_2$ の 4 点から成り, それらを P_1, P_2, P_3, P_4 と書くことにすると,

$$P_2 = P_1 \oplus \eta_L(\boldsymbol{v}_1),\ P_3 = P_1 \oplus \eta_L(\boldsymbol{v}_2)\ \text{および}\ P_4 = P_1 \oplus \eta_L(\boldsymbol{v}_1) \oplus \eta_L(\boldsymbol{v}_2)$$

という関係を満たしている. ここで, 記号 $\oplus$ は各座標ごとに XOR (ビットごとの排他的論理和) を行うことを表しており, $\eta_L(\boldsymbol{a}) = \eta_L((a_1, a_2)) = (\eta_L(a_1), \eta_L(a_2))$ である. 定理 2.3.5 から, 各小正方形 $E_2(-|\boldsymbol{v}_2|)$ はどれも同数 ($2^{r+2|\boldsymbol{v}_2|}$ 個) の点を含んでいる. しかし, それより小さい小正方形 $E_2(l), (l > -|\boldsymbol{v}_2|)$ では, そのようなことは起きない. したがって, 解像度は $\min(-|\boldsymbol{v}_2|, L)$ ビットとなる.

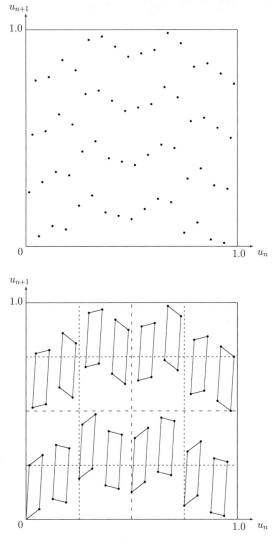

図 **2.9** Tausworthe 乱数のラティス構造（2 次元の例）

図 2.9 に示したのは，原始 3 項式に基づく漸化式 $x_n = x_{n-5} + x_{n-6} \pmod{2}$ から生成される M 系列 $x_n, n = 1, 2, ...,$ を使って作られた Tausworthe 乱数 $u_n = \sum_{j=1}^{6} x_{4n+j} 2^{-j}$ による点集合 $(u_n, u_{n+1}), n = 1, 2, ..., 63,$ である．多項式表現すれば，$n = 1, 2, ...$ に対して

$$f_{n+1}(z) = z^4 f_n(z) \pmod{M(z)} \quad \text{かつ} \quad u_n(z) = \frac{f_n(z)}{M(z)}$$

であり，ここで $M(z) = z^6 + z + 1$ である．以下，原点も点集合に含めて考えることにすると，すぐわかることは，各小正方形 $E_2(1)$ は 4 点集合（下図に示される各四角形の 4 頂点）を四つずつ含んでおり，各小正方形 $E_2(2)$ は 4 点を含んでいることである．また，それより小さい小正方形 $E_2(l)$, $l > 2$, は，点集合を均等に分割していない．解像度は，系 2.3.6 に述べられたように，$-|\boldsymbol{v}_2| = 2$ から求めることができる．このことは，縮約基底が

$$\eta_6(\boldsymbol{v}_1) = \left(\frac{1}{16}, \frac{3}{64}\right) \quad \text{および} \quad \eta_6(\boldsymbol{v}_2) = \left(\frac{1}{64}, \frac{1}{4}\right)$$

となることからも理解できる．

例 2.3.12 [5 種類の Tausworthe 乱数 ($r = 31$)]

四つの原始 3 項式 $z^{31} + z^q + 1$, $q = 3, 6, 7, 13$ に基づく四つの Tausworthe 乱数 T_q および André ら [2] が "universally optimal generator" と呼んで提案した Tausworthe 乱数 $T_A = (z^{31}, 0, z^{31} + z^{29} + z^{27} + z^{26} + z^{20} + z^{16} + 1)$ の合計五つの Tausworthe 乱数についてそのラティス構造を調べた結果が表 2.3 である．それぞれの乱数に対して $|l_1|$ および $|l_s|$ の値が s 次元 ($2 \leq s \leq 15$) についてまとめられている．Walsh スペクトル検定では $|l_s|$ の値が $\lfloor 31/s \rfloor$ に近いかどうかを見て良否の判定を行うが，T_A が最も優れていることがわかる．

表 **2.3** Tausworthe 乱数 T_q, $q = 3, 6, 7, 13$ および T_A の次元 $s = 2$ から 15 までの $|l_1|$ および $|l_s|$ の値

次元 s		2	3	4	5	6	7	8	9	10	11	12	13	14	15
$\lfloor 31/s \rfloor$		15	10	7	6	5	4	3	3	3	2	2	2	2	2
T_3	$|l_s|$	3	3	3	3	3	3	3	3	3	1	1	1	1	1
	$|l_1|$	28	25	22	19	16	13	10	7	4	3	3	3	3	3
T_6	$|l_s|$	6	6	6	6	1	1	1	1	1	1	1	1	1	1
	$|l_1|$	25	19	13	7	6	6	6	6	6	5	5	5	5	5
T_7	$|l_s|$	7	7	7	5	3	3	3	3	1	1	1	1	1	1
	$|l_1|$	24	17	10	7	7	7	4	4	4	4	3	3	3	3
T_{13}	$|l_s|$	13	5	5	5	3	3	2	2	2	2	2	1	1	1
	$|l_1|$	18	13	13	8	8	5	5	5	5	5	3	3	3	3
T_A	$|l_s|$	15	10	7	6	5	4	3	3	2	2	2	2	2	2
	$|l_1|$	16	11	8	7	6	5	5	4	4	3	3	3	3	3

例 **2.3.13** [二つのハードウェア向き **Tausworthe 乱数** ($r = 127$)]
次に取り上げるのは，イジングモデル・シミュレーションのために開発された専用ハードウェアの Tausworthe 乱数である．一つは UCSB 大学 [61] で，もう一つは Delft 大学 [30] で 1980 年代に開発されたものである．それぞれ

$$\text{UCSB 大学}: T_U = (z^{24}, 0, z^{127} + z^{30} + 1) \ (L = 24)$$
$$\text{Delft 大学}: T_D = (z^{32}, 0, z^{127} + z^{15} + 1) \ (L = 32)$$

となっている．表 2.4 には $|l_1|$ および $|l_s|$ の値が s 次元 ($6 \leq s \leq 19$) についてまとめられている．両方ともあまりよい結果とは言えない．

表 **2.4** Tausworthe 乱数 T_U および T_D の次元 $s = 6$ から 19 までの $|l_1|$ および $|l_s|$ の値

次元 s		6	7	8	9	10	11	12	13	14	15	16	17	18	19
$\lfloor 127/s \rfloor$		21	18	15	14	12	11	10	9	9	8	7	7	7	6
T_U	$|l_s|$	7	7	7	7	7	7	7	7	7	7	7	6	6	6
	$|l_1|$	24	24	24	24	23	17	17	17	17	17	10	10	10	10
T_D	$|l_s|$	16	16	15	2	2	2	2	2	2	2	2	2	2	2
	$|l_1|$	32	31	16	16	16	16	16	16	16	15	14	14	14	14

例 **2.3.14** [漸近的にランダムな **Tausworthe 乱数** ($r = 607$)]
最後の例は，Tootill ら [100] が見つけた 23 ビット（つまり $L = 23$）の漸近的にランダムな Tausworthe 乱数である．そのパラメータは $T_T = (z^{512}, 0, z^{607} + z^{334} + 1)$ である．彼らは，この乱数が $26 = \lfloor \frac{607}{23} \rfloor$ 次元以上では最大解像度を達成しているということを確かめて「漸近的にランダム」と呼んでいるのだが，表 2.5 では，もっと低い次元 $13 \leq s \leq 26$ ではどうなっているかを調べている．13 次元から 18 次元および 23 次元から 25 次元では最大解像度を達成していないことが確認できる．

表 **2.5** Tausworthe 乱数 T_T の次元 $s = 13$ から 26 までの $|l_1|$ および $|l_s|$ の値

次元 s		13	14	15	16	17	18	19	20	21	22	23	24	25	26
$\lfloor 607/s \rfloor$		46	43	40	37	35	33	31	30	28	27	26	25	24	23
T_T	$|l_s|$	44	41	37	36	32	32	31	30	28	27	25	23	23	23
	$|l_1|$	51	49	43	39	37	35	33	32	30	29	27	26	25	24

1986 年，Koopman[33] は，次の Tausworthe 乱数が r ビット（つまり $L = r$）で漸近的にランダムになることを見つけた．

$$T_K = (z^{131072}, 0, z^{607} + z^{273} + 1)\ (L = 607)$$

この乱数は定義から，すべての次元 $1 \le s \le r = 607$ において最大解像度を実現している．また，周期は Mersenne 素数 $2^{607} - 1$ である．ところが，$M(z)$ が原始 3 項式でかつ $131072 = 2^{17}$ となっていることから，この乱数は，

$$u_{n+607} = u_{n+273}\ \text{XOR}\ u_n, \quad n = 1, 2, ...$$

なる漸化式に従う 3 項式タイプの GFSR 乱数でもある．このことから，Ferrenberg らのテストでは不合格になる．この結果は，次のように考えれば理解しやすい．この乱数列は 608 次元で見たとき（つまり引き続く 608 項を見たとき），その 3 次元射影 $(u_n, u_{n+273}, u_{n+607})$ が，

$$u_{n+607}\ \text{XOR}\ u_{n+273}\ \text{XOR}\ u_n = 0, \quad n = 1, 2, ...$$

なる関係を満たしている．そして この式は任意の n に対して u_n, u_{n+273} および u_{n+607} が三つとも同時に $1/2$ 以上の値をとることはないことを意味している．言い換えれば，この 3 項が真にランダムであれば，本来 $1/8$ の確率で起きるはずのことが決して起きないのである．先にも述べたように 1990 年代に入ってから，Ferrenberg らの研究に端を発して 3 項式に従う乱数生成法の欠点が明らかになり，特に大規模シミュレーションでは使われなくなっているが，この Koopman の方法も同じ問題を抱えているのである．Knuth's Maxim の観点からは，Koopman の方法は理想的な方法と思われたが，大規模シミュレーションに用いる乱数としては，スペクトル検定に合格するだけではまだ十分でないことがわかる．

線形合同法のラティス構造に関してすでに述べたとおり，この構造は数列からとびとびに選んだ s 項についても成立する非常に一般的な性質だった．この事実は Tausworthe 乱数についても同様に成立している．つまり，Tausworthe 乱数 $u_1, u_2, ...$ からとびとびに選んだ s 項から構成される点列

$$(u_n, u_{n+j_1}, ..., u_{n+j_{s-1}}), \quad n = 1, 2, ...$$

も $GF(2)$ 上の級数に基づくラティスを構成しており，その基底は

$$e_1 = \frac{1}{M(z)}(1, g(z)^{j_1}, ..., g(z)^{j_{s-1}}),$$

$$e_2 = (0, 1, 0, \ldots, 0),$$
$$\vdots \quad \vdots$$
$$e_k = (0, 0, \ldots, 0, 1)$$

と表すことができる．

2.3.2　GFSR 乱数のラティス構造

　本節では，GFSR 乱数の引き続いた s 項から構成される s 次元点列がどのような構造をもっているかについて考えよう．そのためには，GFSR 乱数の行列表現が必要になる．まずは Tausworthe 乱数の行列表現から始めよう．随伴行列 C

$$C = \begin{pmatrix} 0 & 0 & \cdots & 0 & a_{r-1} \\ 1 & 0 & \cdots & 0 & a_{r-2} \\ 0 & 1 & \ddots & 0 & a_{r-3} \\ \vdots & \ddots & \ddots & 0 & \vdots \\ 0 & \cdots & 0 & 1 & a_0 \end{pmatrix}$$

の特性多項式は $z^r + a_{r-1}z^{r-1} + \cdots + a_0$ になることから，以下それが $GF(2)$ 上の原始多項式であることを仮定し，それによって生成される M 系列を $x_1, x_2, \ldots$ と書くことにする．そのとき，任意の $n = 1, 2, \ldots$ に対して，$GF(2)$ 上で

$$(x_{n+1}, \ldots, x_{n+r}) = (x_n, \ldots, x_{n+r-1})C$$

となっている．つまり，M 系列の生成漸化式が行列表現されたことになる．そして，r ビット Tausworthe 乱数は，$n = 1, 2, \ldots$ として

$$\boldsymbol{x}_n = \boldsymbol{x}_{n-1}C^d = \boldsymbol{x}_0 C^{dn}$$

と表現できる．ここで，$\boldsymbol{x}_n = (x_{dn+1}, \ldots, x_{dn+r}), n = 0, 1, \ldots$, である．これは，先に定義した Tausworthe 乱数 u_n のベクトル表現になっている．$L (< r)$ ビット Tausworthe 乱数の場合は，$\boldsymbol{x}_n$ の上位（左から）L ビットのみを使うことにすればよい．次に r ビット GFSR 乱数について考えよう．まず，M 系列に関する次の定理が必要になる．

定理 2.3.15　$x_1, x_2, \ldots$ を周期 $2^r - 1$ の M 系列とする．そのとき，任意の 2

値ベクトル $(g_1,...,g_r) \neq (0,...,0)$ に対して,

$$x_j = x_1 g_1 + \cdots + x_r g_r \quad (\bmod\ 2) \tag{2.18}$$

が成立し, $(g_1,...,g_r)$ と $j, 1 \leq j \leq 2^r - 1$, は 1 対 1 に対応する．

この定理を用いると

$$(x_{j_1},...,x_{j_r}) = (x_1,...,x_r)G$$

となるように G を選ぶことができる．具体的には G の第 i 列ベクトルを，式 (2.18) を用いて，x_{j_i} に対応する 2 値ベクトル $(g_1^{(i)},...,g_r^{(i)})^\top$ にすればよい．また，

$$(x_{j_1+1},...,x_{j_r+1}) = (x_2,...,x_{r+1})G = (x_1,...,x_r)CG$$

なので，r ビット GFSR 乱数 $u_n, n = 1, 2,...$, は

$$\boldsymbol{x}_n = \boldsymbol{x}_{n-1}CG$$

という行列表現の漸化式に従うことになる．これは書き直すと，

$$\boldsymbol{x}_n = \boldsymbol{x}_0 C^n G$$

と書ける．G が正則であると仮定すると，相似変換 $A = G^{-1}CG$ により

$$\boldsymbol{x}_n = \alpha A^n \tag{2.19}$$

とも書くことができる．ここで，$\alpha = \boldsymbol{x}_0 G$ である．ちなみに，$A = C^d$ という特殊な場合が r ビット Tausworthe 乱数に一致する．

結局, r ビット GFSR 乱数は, 初期値ベクトル α に正則な線形変換 A を繰り返し施したものと考えられる．また A の特性多項式は C の特性多項式に一致するので, 原始多項式である．GFSR 乱数の定義上は, G が正則でない場合も含まれてはいるが, その場合は, 乱数としての基本的な性質「$(x_{j_1},...,x_{j_r})$ が $(0,...,0)$ を除く $2^r - 1$ 通りのパターンすべてをとる」ことさえ満たさないため, 考えなくてもよい．また, $L(\leq r)$ ビット GFSR 乱数の場合は, 上位 L ビットのみを使うことにすればよいので問題ない．したがって，以下では, 上の式 (2.19) を GFSR 乱数の定義として話を進めていくことにしよう．

いよいよ本題の GFSR 乱数のもつ構造である．まず, 2 値ベクトル $\boldsymbol{k} = (k_1,...,k_r)$ の重みとして, 次のものを定義する．

$$\rho(\boldsymbol{k}) = \max\{i \mid k_i \neq 0 \ (1 \leq i \leq r)\} - 1$$

ここで，$\rho(\boldsymbol{0}) = 0$ と定義する．この量は，Tausworthe 乱数の場合でいえば，多項式の次数に対応している．すると，Tausworthe 乱数の場合における δ_s は，GFSR 乱数の行列表現において次のように一般化できる [79]．

$$\delta_s = \min \max_{1 \leq i \leq s} \rho(\boldsymbol{k}_i)$$

ここで，minimum は GFSR 乱数の双対空間，すなわち

$$\boldsymbol{k}_1 + \boldsymbol{k}_2 A^\top + \cdots + \boldsymbol{k}_s (A^{s-1})^\top = \boldsymbol{0}$$

を満たす解 $(\boldsymbol{k}_1, ..., \boldsymbol{k}_s) \neq (\boldsymbol{0}, ..., \boldsymbol{0})$ すべてに関してとるものとする．この構造式は $A = C^d$ と置けば Tausworthe 乱数の双対ラティスの構造式 (2.14) を行列表現したものに一致することに注意したい．

以上の準備の下，GFSR 乱数のもつ構造と s 次元一様性に関する次の定理が導かれる [79, 80, 82]．

定理 2.3.16 任意の $s \geq 1$ に対して，L ビット GFSR 乱数の s 次元一様性の解像度は，$\min(\delta_s, L)$ に等しい．

この定理に基づく検定が，「GFSR 乱数の Walsh スペクトル検定」[79] である．

GFSR 乱数のもつ構造は，Tausworthe 乱数のような $GF(2)$ 上の級数によるラティスとはならないので，Lenstra の高速なアルゴリズムは，そのままでは適用できない．しかし，「解像度方向のラティス」という概念 [85] を導入することによって，Tausworthe 乱数と同様，GFSR 乱数に対しても Lenstra のアルゴリズムを使って Walsh スペクトル検定を数万次元まで実施することができる．その考え方について説明しよう．L ビット GFSR 乱数の引き続く s 個は次のようになっている．$n = 1, 2, ...,$ として，

$$u_n = \frac{x_n}{2} + \frac{x_{n+j_1}}{4} + \cdots + \frac{x_{n+j_{L-1}}}{2^L},$$
$$u_{n+1} = \frac{x_{n+1}}{2} + \frac{x_{n+1+j_1}}{4} + \cdots + \frac{x_{n+1+j_{L-1}}}{2^L},$$
$$\cdots \quad \cdots \quad \cdots$$
$$u_{n+s-1} = \frac{x_{n+s-1}}{2} + \frac{x_{n+s-1+j_1}}{4} + \cdots + \frac{x_{n+s-1+j_{L-1}}}{2^L}$$

である．しかし，これから得られる s 次元点列 $(u_n, u_{n+1}, ..., u_{n+s-1})$，$n = 1, 2, ...,$ は有限体上の多項式によるラティスとはなっていない．これに対して，

次のような数列を考える．$n = 1, 2, ...$ として

$$v_n = \frac{x_n}{2} + \frac{x_{n+1}}{4} + \cdots + \frac{x_{n+s-1}}{2^s},$$

$$v_{n+j_1} = \frac{x_{n+j_1}}{2} + \frac{x_{n+1+j_1}}{4} + \cdots + \frac{x_{n+s-1+j_1}}{2^s},$$

$$\cdots \quad \cdots \quad \cdots$$

$$v_{n+j_{L-1}} = \frac{x_{n+j_{L-1}}}{2} + \frac{x_{n+1+j_{L-1}}}{4} + \cdots + \frac{x_{n+s-1+j_{L-1}}}{2^s}$$

と定義するのである．そして，これらから構成される L 次元点列

$$(v_n, v_{n+j_1}, ..., v_{n+j_{L-1}}), \quad n = 1, 2, ...,$$

は，s ビット Tausworthe 乱数列からとびとびに L 個選んで作られた L 次元点列に一致していることがわかる．先にも述べたとおり，これらの点列は $GF(2)$ 上の級数によるラティスを構成することから，そのラティスを GFSR 乱数の「解像度方向のラティス」と呼ぶのである．すると，次の定理を証明することができる [85]．

定理 2.3.17 L ビット GFSR 乱数が ℓ ビット（$\ell \leq L$）の一様性を実現している最大の次元は $-s_\ell$ に等しい．ここで，s_ℓ は GFSR 乱数の解像度方向 ℓ 次元ラティスの ℓ 番 successive minimum である．

そして，この「解像度方向のラティス」に対しては Lenstra の高速なアルゴリズムが適用できることから GFSR 乱数の高次元一様性の解析が容易になる．

2.3.3 Mersenne Twister とその改良

松本と西村 [49] が 1998 年に開発した Mersenne Twister と呼ばれる GFSR 乱数が今日世界中で広く使われている．GFSR 乱数では r が大きいほど周期も大きくなるが，生成に必要となる配列のサイズも増える．例えば $r = 19937$ では，単純な実装をしてしまうと配列のサイズが 19937 となり，大きすぎる．この問題を解決して，$\lceil 19937/32 \rceil = 624$ のサイズの配列で十分としたのが **Mersenne Twister** で，次のような四つの大きな特徴をもっている．

- 周期が巨大である
- 623 次元一様性が保証されている
- 効率的にメモリーを使用している

- 非常に高速に乱数が生成される

具体的には次のようなアルゴリズムである．以下，$\boldsymbol{x}_n \, n=1,2,...,$ は $GF(2)$ 上の L 次元ベクトルの列とする．ここで，2値ベクトル $\boldsymbol{x}=(x_1,...,x_L)$ から一様乱数 u への変換は

$$u = \frac{x_1}{2} + \frac{x_2}{4} + \cdots + \frac{x_L}{2^L}$$

で行うことにする．このベクトル列は，パラメーター $p > q > 0$ をともに整数として，次のような線形演算で作られる．

$$\boldsymbol{x}_{n+p} = \boldsymbol{x}_{n+q} \text{ XOR } (\boldsymbol{x}_n^u | \boldsymbol{x}_{n+1}^l) C, \quad n=1,2,... \qquad (2.20)$$

ここで，C は

$$C = \begin{pmatrix} 0 & 1 & 0 & \cdots & 0 \\ 0 & 0 & 1 & \ddots & \vdots \\ \vdots & \vdots & \ddots & \ddots & 0 \\ 0 & 0 & \cdots & 0 & 1 \\ c_{L-1} & c_{L-2} & c_{L-3} & \cdots & c_0 \end{pmatrix}$$

の形をした随伴行列であり，$(\boldsymbol{x}_n^u | \boldsymbol{x}_{n+1}^l)$ の意味は $\boldsymbol{x}_n$ の上位 (upper) $L-k$ ビットと $\boldsymbol{x}_{n+1}$ の下位 (lower) k ビットをつないで得られる $GF(2)$ 上の L 次元行ベクトルを意味している．パラメーター L, C, p, q, k をうまく選ぶことにより，$r = pL - k$ として $\boldsymbol{x}_1, \boldsymbol{x}_2,...$ が周期 $2^r - 1$ の L ビット GFSR 乱数になるようにするのである．

Mersenne Twister は，L はコンピューターの語長である 32 ビットとし，$(c_{31},...,c_0)$ =0x9908B0DF, $p = 624$, $q = 397$, $k = 31$ に設定されているので，$r = 19937$ となり周期は巨大な Mersenne 素数になる．Ferrenberg らがテストしたのが $r = 1000$ 程度の大きさなので，その巨大さがよくわかる．しかし，これだけだと $\boldsymbol{x}_n, n=1,2,...,$ にはまだ規則性が残るので，さらにある特殊な線形変換 T を施して最終的に得られる

$$\boldsymbol{y}_n = \boldsymbol{x}_n T, \quad n=1,2,...$$

が Mersenne Twister である．ここで，線形変換 $\boldsymbol{y} = \boldsymbol{x} T$ は次のように定義されている．

$$y = x \text{ XOR } (x >> 11)$$
$$y = y \text{ XOR } ((y << 7) \text{ AND } 0\text{x9D2C5680})$$
$$y = y \text{ XOR } ((y << 15) \text{ AND } 0\text{xEFC60000})$$
$$y = y \text{ XOR } (y >> 18)$$

見てわかるとおり，線形変換 T はシフトと XOR と AND を組み合わせた簡単なものなので計算時間はほとんどかからない．下に示したのは Mersenne Twister の C 言語プログラムの中で，線形変換 T に対応する箇所である．

```
y = mt[kk];
y ^= TEMPERING_SHIFT_U(y);
y ^= TEMPERING_SHIFT_S(y) & TEMPERING_MASK_B;
y ^= TEMPERING_SHIFT_T(y) & TEMPERING_MASK_C;
y ^= TEMPERING_SHIFT_L(y);
```

Mersenne Twister では，全周期でみると 623 次元空間に $L = 32$ ビットの精度で一様分布することも証明されている．さらに，大きな特徴としては，$\lfloor 19937/s \rfloor$ が 2 のベキ（つまり $1, 2, 4, 8, 16, 32$ のどれか）に等しくなるような次元 s においては最大解像度を達成していることである[15]．しかし逆に言えば，それ以外の次元では最大解像度になっていない．実際，表 2.6 に示すように Mersenne Twister の解像度は最大解像度と比べるとかなり悪くなっているのである．

そもそも，GFSR 乱数の位相パラメーター $j_1, ..., j_{L-1}$ をランダムに選んだ場合，どのくらいの一様性が得られるのだろうか？ 線形合同法の場合に

[15] 例えば，$1173 \leq s \leq 1246$ においては最大解像度 16 が達成されている．

表 **2.6** 1248 次元までの Mersenne Twister(MT) の解像度

次元 (1〜738)	1〜 〜623	624〜 〜643	644〜 〜664	665〜 〜687	688〜 〜712	713〜 〜738
最大解像度	32	31	30	29	28	27
MT の解像度	32	16	16	16	16	16

次元 (739〜949)	739〜 〜766	767〜 〜797	798〜 〜830	831〜 〜866	867〜 〜906	907〜 〜949
最大解像度	26	25	24	23	22	21
MT の解像度	16	16	16	16	16	16

次元 (950〜1248)	950〜 〜996	997〜 〜1049	1050〜 〜1107	1108〜 〜1172	1173〜 〜1246	1247〜 〜1248
最大解像度	20	19	18	17	16	15
MT の解像度	16	16	16	16	16	11

は，Knuth が数値実験した結果から，パラメーター M を固定して，パラメーター a を最大周期になるという条件を満たすものの中からランダムに選んだ場合，スペクトル検定でほどほどに良い結果を得るものが多いということがわかっている．経験的には GFSR 乱数でも同様の結果が以前から知られている [81]．表 2.7 に示したのが $r = 19937$ の GFSR 乱数に対する結果である．特性多項式は Mersenne Twister と同じものを使い，パラメーター $(j_1, ..., j_{31})$ を $0 \leq j_i < 2^r - 1$ $(i = 1, 2, ..., 31)$ から一様ランダムに選んでいる．total dimension gap の定義は以下のとおりである．

$$\sum_{1 \leq \ell \leq 32} \left(\left\lfloor \frac{19937}{\ell} \right\rfloor - \dim(\ell) \right)$$

ここで，$\dim(\ell)$ は，上位 ℓ ビットで一様性が実現されている最大の次元を表わす．式からわかるように，この量によって「漸近的にランダム」である状態からどのくらい隔たっているかを測ることができる．もし，与えられた GFSR 乱数が漸近的にランダムであれば total dimension gap は 0 になる．

表 2.7　パラメーター $(j_1, ..., j_{L-1})$ をランダムに選んだ GFSR 乱数 32 個と Mersenne Twister の total dimension gap

total dimension gap	個数
0 (漸近的にランダム)	2
1	2
2	0
3	4
4	13
5	8
6	2
7	1
6750	Mersenne Twister

表 2.7 の結果を見ると，ランダムにパラメーター $(j_1, ..., j_{31})$ を選ぶと「ほぼ漸近的にランダム」な GFSR 乱数が得られるのである．このことは Knuth が線形合同法に対して得た実験結果「ランダムにパラメーター a を選ぶと，たいていスペクトル検定を合格するものになっている」とも一致しており，大変興味深い．それと比べると，Mersenne Twister の結果はかなり悪いことがわかる．

松本と西村 [49] によれば，Mersenne Twister の線形変換 T をどのように変えてもこれ以上の解像度の改善は得られないことが証明できる．その一方で，

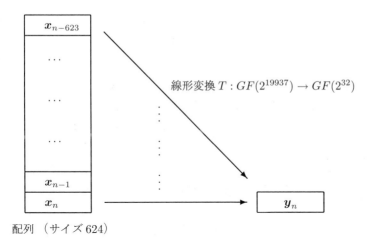

図 2.10 Mersenne Twister 改良のアイデア：線形変換 T をランダムに選ぶ

上の数値実験が示すように GFSR 乱数全体の中には，もっと良いものがたくさんあることがわかる．つまり Mersenne Twister は GFSR 乱数全体から見ると，なにか偏った特殊な部分集合に属しているようである．その原因は線形変換 T の定義の仕方にある．具体的には，T が $GF(2^{32})$ から $GF(2^{32})$ への写像として定義されているのである．これはかなり特殊な制限であり，GFSR 乱数全体を対象にするのであれば，線形変換 T は $GF(2^{19937})$ から $GF(2^{32})$ への写像とすべきである．このような写像は非常にたくさん存在するが，上の数値実験結果に従えばランダムに探せばよいのである．そうすれば漸近的にランダムなものも（32 回に 2 回ぐらいの割合で）容易に見つかるはずである．具体的には，Knuth にならって円周率 π の数字の並び

3.141592653589793238462643383279502884197169399375105820974944 5923

をそのまま使って，生成に必要となるパラメーターをランダムに選ぶことにする．そのようにして見つけた線形変換 T の C 言語プログラムを下に示す [94]．

```
y = mt[kk]^
 ((mt[(kk+N-314)%N] & 3141592653)<<3)^((mt[(kk+N-159)%N] & 589793238)<<14)^
 ((mt[(kk+N-265)%N] & 462643383)<<15)^((mt[(kk+N-358)%N] & 2795028841)<<9)^
 ((mt[(kk+N-97)%N]  & 971693993)<<2)^((mt[(kk+N-93)%N]  & 751058209)<<6)^
 ((mt[(kk+N-238)%N] & 749445923)>>5);
y ^= y<<3;
y ^= y>>14;
y ^= y<<15;
y ^= y>>9;
y ^= (mt[(kk+N-46)%N] & 0x80000000)>>12;
```

このプログラムの最後の二つの定数 (0x80000000 と 12) を除くすべての定数に，π の数字が使われているのは容易にわかるはずである．先に示したMersenne Twister の線形変換 T に対応する C 言語プログラムを上のプログラムで置き換えるだけで漸近的にランダムな GFSR 乱数が生成できる．

このようにして，Mersenne Twister を漸近的にランダムになるように改良したわけであるが，先に述べた Koopman の例が示すように，漸近的にランダムになったからといって 100% 安心することはできない．ただ Mersenne Twister もこの改良版も，漸化式が 135 項式の GFSR 乱数になっているため，3 項式 GFSR 乱数である Koopman の例のように Ferrenberg らのテストで不合格になることはないと考えられている．しかし，19937 次の原始多項式でわずか 135 項しか非ゼロ係数を持たないという歪さのゆえに，また新たな別の問題が生じることが報告されている [56]．いずれにしても，擬似乱数の研究は「擬似」であるがゆえに終わりがない．

第II部

デランダマイゼーション

3 ディスクレパンシー理論の背景

デランダマイゼーションの数学的基礎となるのがディスクレパンシー理論 [11, 14, 16, 47, 77] である．20 世紀初めにエルゴード理論との密接な関係もあって誕生した「一様分布論」という数論の一分野がある．初めのうちは，ある空間における無限点列の（漸近的な）分布を研究することが主要なテーマであったが，その後「無限点列」を「有限点列」に置き換えたときの分布の様子へと次第に研究の対象が移っていった．そこでは，分布の不規則性，すなわち一様分布からのズレを測る尺度として「ディスクレパンシー」という量が定義され，ディスクレパンシーができるだけ小さい，つまり "一様性のできるだけ高い" 有限点列を構成することがテーマとなっている．

3.1 組合せディスクレパンシーとは

組合せディスクレパンシーはディスクレパンシーの概念を抽象化したもので，具体的には次のように定義される [47]．

定義 3.1.1 $X = \{x_1, ..., x_n\}$ を有限集合，$S_1, ... S_m$ をそれぞれその部分集合として，部分集合族 $\Sigma = \{S_1, ..., S_m\}$ を考える．また，X 上の写像を $\chi : X \to \{-1, 1\}$ と表わすことにする．組合せディスクレパンシーでは -1 を赤，1 を青と呼び，χ のことを coloring 写像と呼んでいる．そのとき (X, Σ) の組合せディスクレパンシーは

$$\mathrm{disc}(X, \Sigma) := \min_{\chi} \max_{1 \leq i \leq m} |\chi(S_i)|$$

と定義される．ここで，$\chi(S) = \sum_{x \in S} \chi(x)$ である．

定義からわかるように，$|\chi(S_i)|$ は赤の数と青の数の差を表しているので，$\mathrm{disc}(X, \Sigma)$ という量は与えられた (X, Σ) に対して，その差の最大値が最も小

さくなるような（最も一様になるような）coloring 写像 χ を考えていることになる．

組合せ問題（特にグラフ理論）では coloring という考え方がよく登場するので，それについて具体例をあげて補足しておこう．以下，頂点数 n の完全グラフを K_n と書くことにする．最初にあげるのは次の **Ramsey の定理**である．

定理 3.1.2 a, b を任意の自然数とする．n が十分大きければ，完全グラフ K_n の枝を赤と青でどのように彩色しても，すべての枝が赤の K_a またはすべての枝が青の K_b が必ず存在する．

もう一つの例はグラフ彩色問題である．これは与えられたグラフの頂点に色を割り当てていき，どの隣接する頂点同士も同じ色にならないように全頂点を彩色するという問題である．ここで，色の数は少ないほど望ましい．グラフ理論における次の**四色定理**はその一例である．この場合は平面グラフの彩色問題である．

定理 3.1.3 平面上のいかなる地図も，四色あれば隣接する領域が異なる色になるように塗り分けることができる．

組合せディスクレパンシーの定義として，X に対する部分集合族 Σ の生起行列 A を用いて定義する流儀もある．代数的な組合せ問題はこちらのほうがなじみやすい．ここで，生起行列とは 2 値 $(0, 1)$ を成分とする $m \times n$ 行列 $A = (a_{ij})$ で，次のように定義される．$1 \leq i \leq m; 1 \leq j \leq n$ として

$$a_{ij} = \begin{cases} 1 & x_j \in S_i \\ 0 & その他 \end{cases}$$

coloring 写像 χ から得られる 2 値 $(-1, 1)$ の n 次元列ベクトル $\boldsymbol{k} = (\chi(x_1), ..., \chi(x_n))^\top$ を考えると，上で定義された組合せディスクレパンシーは

$$\mathrm{disc}(X, \Sigma) = \min_{\boldsymbol{k}} |A\boldsymbol{k}|_\infty$$

と書くことができる．ここで，n 次元ベクトル $\boldsymbol{v} = (v_1, ..., v_n)$ の L_∞ ノルムは，

$$|\boldsymbol{v}|_\infty = \max(|v_1|, ..., |v_n|)$$

と定義される．また，このノルムを使った表現から次のような変形を考える

こともできる．

- L_1 ノルムの組合せディスクレパンシー

$$\mathrm{disc}^{(1)}(X, \Sigma) = \min_{\boldsymbol{k}} |A\boldsymbol{k}|_1$$

- L_2 ノルム (Euclid ノルム) の組合せディスクレパンシー

$$\mathrm{disc}^{(2)}(X, \Sigma) = \min_{\boldsymbol{k}} |A\boldsymbol{k}|_2$$

ここで，n 次元ベクトルの L_1, L_2 ノルムはそれぞれ

$$|\boldsymbol{v}|_1 = |v_1| + \cdots + |v_n|$$

$$|\boldsymbol{v}|_2 = \sqrt{v_1^2 + \cdots + v_n^2}$$

と定義される．ノルムの間には次のような関係があり，後で述べるように，組合せディスクレパンシーの下界を求めるときに重要な役割を果たしている．

$$|\boldsymbol{v}|_1 \leq |\boldsymbol{v}|_2 \leq \sqrt{n} |\boldsymbol{v}|_\infty$$

3.1.1 デランダマイゼーションの例

初めに，組合せディスクレパンシーの上界に関する定理を紹介しよう [47]．

定理 3.1.4 任意の整数 $m \geq 1$ および $n \geq 1$ に対して，組合せディスクレパンシーは次の不等式を満たす．

$$\mathrm{disc}(X, \Sigma) \leq \sqrt{2n \log(2m)} \tag{3.1}$$

この証明には次の **Chernoff–Hoeffding** の定理が必要になる．

定理 3.1.5 $X_i, i = 1, ..., \ell,$ は $|X_i| \leq 1$ および $E[X_i] = 0$ を満たす独立な確率変数とする．そのとき，$S = X_1 + \cdots + X_\ell$ は任意の $\alpha > 0$ に対し

$$\mathbb{P}[|S| > \alpha] < 2 \exp\left(-\frac{\alpha^2}{2\ell}\right)$$

を満たす．

定理 3.1.4 の証明はランダマイゼーションを用いた存在証明としてよく知られているので，以下に紹介しよう．具体的には coloring 写像 $\chi(x_1), ..., \chi(x_n)$

の値を等確率 (1/2) ランダムに選ぶのである．そして，$i = 1, 2, ..., m$ に対して，次のような確率変数を定義する．

$$B_i = \begin{cases} 0 & |\chi(S_i)| \leq \sqrt{2|S_i|\log(2m)} \text{ のとき} \\ 1 & \text{その他} \end{cases}$$

$B = B_1 + \cdots + B_m$ と書くことにすると，$B = 0$ と $B_1 = \cdots = B_m = 0$ は同値であるので，$B = 0$ は

$$\max_{1 \leq i \leq m} |\chi(S_i)| \leq \max_{1 \leq i \leq m} \sqrt{2|S_i|\log(2m)} \leq \sqrt{2n\log(2m)}$$

を意味している．Chernoff–Hoeffding の定理から

$$\mathbb{P}[B_i = 1] = \mathbb{P}\left[|\chi(S_i)| > \sqrt{2|S_i|\log(2m)}\right] < \frac{1}{m}$$

となることを用いると

$$\begin{aligned} \mathbb{P}[B = 0] &= \mathbb{P}\left[\cap_{i=1}^m (B_i = 0)\right] \\ &= 1 - \mathbb{P}\left[\cup_{i=1}^m (B_i = 1)\right] \\ &\geq 1 - \sum_{i=1}^m \mathbb{P}[B_i = 1] \\ &> 1 - \frac{m}{m} \\ &= 0 \end{aligned}$$

となっている．つまり，coloring 写像 χ をランダムに選んだとき

$$\text{disc}(X, \Sigma) \leq \max_{1 \leq i \leq m} |\chi(S_i)| \leq \sqrt{2n\log(2m)}$$

を満たすような χ が存在する確率が正となることを示している．以上が証明である．

さて，上の定理 3.1.4 は，組合せディスクレパンシーの上界 (3.1) を満足するような coloring 写像 χ はどのような (X, Σ) に対しても少なくとも一つは存在することを意味している．しかし，その条件を満たす具体的な coloring 写像は与えられていない．ここでいうデランダマイゼーションとはそれを具体的に求めるためのアルゴリズムである．ランダマイゼーションが用いられている問題や定理に対してそこからランダム性を取り除くための様々なアイデアや方法が提案されており，その総称としてデランダマイゼーションという用語が使われている．

定理 3.1.4 に対するデランダマイゼーションは，条件付き期待値を応用するもので代表的な手法の一つとして知られている．具体的には $B = 0$ となる coloring 写像 χ を $\chi(x_1), ..., \chi(x_n)$ の順に，以下の不等式を使って一つずつ決めていくのである．

$$\begin{aligned}
\mathbb{E}[B] &= \frac{1}{2}(\mathbb{E}[B|\chi(x_1) = -1] + \mathbb{E}[B|\chi(x_1) = 1]) \\
&\geq \mathbb{E}[B|\chi(x_1) = c_1] \\
&= \frac{1}{2}(\mathbb{E}[B|\chi(x_1) = c_1, \chi(x_2) = -1] + \mathbb{E}[B|\chi(x_1) = c_1, \chi(x_2) = 1]) \\
&\geq \mathbb{E}[B|\chi(x_1) = c_1, \chi(x_2) = c_2] \\
&\quad \cdots \cdots \\
&\quad \cdots \cdots \\
&\geq \mathbb{E}[B|\chi(x_1) = c_1, ..., \chi(x_n) = c_n] \\
&= B(c_1, ..., c_n)
\end{aligned}$$

ここで，$c_j, j = 1, ..., n$, は $\mathbb{E}[B|\chi(x_1) = c_1, ..., \chi(x_{j-1}) = c_{j-1}, \chi(x_j) = -1]$ と $\mathbb{E}[B|\chi(x_1) = c_1, ..., \chi(x_{j-1}) = c_{j-1}, \chi(x_j) = 1]$ の小さいほうを与える $\chi(x_j)$ の値（-1 または 1）のことである[1]．また，最後の $B(c_1, ..., c_n)$ は coloring 写像を $\chi(x_1) = c_1, ..., \chi(x_n) = c_n$ としたときの B の値であり，

$$\mathbb{E}[B] = \mathbb{E}[B_1] + \cdots + \mathbb{E}[B_m] = \sum_{i=1}^{m} \mathbb{P}[B_i = 1] < \frac{m}{m} = 1$$

より，$B(c_1, ..., c_n)$ は非負整数で 1 より小さいことから 0 となる．

さて上の定理で得られた組合せディスクレパンシーの上界にはどれだけの意味があるのだろうか．組合せディスクレパンシーの値がこの上界に近いような組合せ問題 (X, Σ)（あるいは行列 A）が実際にあればその疑問は解決される．以下，具体的にそれを示そう．まず，準備として Hadamard 行列の定義から入る必要がある．

定義 3.1.6 Hadamard 行列とは，その成分が -1 か 1 であるような $n \times n$ 行列であり，各行が直交しているものをいう．

n が 2 のベキであるときは次のようにすれば Hadamard 行列を容易に構成できる．

$$H_1 = \begin{pmatrix} 1 & 1 \\ 1 & -1 \end{pmatrix}$$

[1] もし等しい場合はどちらでもよい．

とし，任意の $k = 2, 3, \ldots$ に対して

$$H_k = \begin{pmatrix} H_{k-1} & H_{k-1} \\ H_{k-1} & -H_{k-1} \end{pmatrix}$$

とするのである[2]．H_k は $2^k \times 2^k$ 行列である．これが定義を満たすかどうかは数学的帰納法により確認できる．つまり，

$$H_1 H_1^\top = 2 I_1$$

であり，H_k が Hadamard 行列つまり

$$H_k H_k^\top = 2^k I_k$$

を仮定すると，

$$H_{k+1} H_{k+1}^\top = \begin{pmatrix} H_k & H_k \\ H_k & -H_k \end{pmatrix}^2 = \begin{pmatrix} 2^{k+1} I_k & O_k \\ O_k & 2^{k+1} I_k \end{pmatrix} = 2^{k+1} I_{k+1}$$

となる．ここで，I_k は $2^k \times 2^k$ の単位行列であり，O_k は $2^k \times 2^k$ の零行列である．また次の結果も知られている．

定理 3.1.7 $n \times n$ 行列が Hadamard 行列であるならば，n は 4 の倍数である．

現在，$n = 116$ までの 4 の倍数に対して Hadamard 行列の存在が確認されている．

組合せ問題 (X, Σ) において $m = n$ となる場合は，生起行列 A を Hadamard 行列を用いて次のように与えれば，組合せディスクレパンシーの値が先の定理 3.1.4 に述べられた上界に近くなることが知られている．

$$A = \frac{J + H^\top}{2} \tag{3.2}$$

ここで，H は $n \times n$ の Hadamard 行列で第 1 行はすべて成分が 1 とする．また，$\boldsymbol{h}_i$ は H の第 i 行ベクトルとする．J はすべての成分が 1 であるような $n \times n$ 行列である．したがって，J の各行は $\boldsymbol{h}_1$ と一致する．証明は簡単なので以下に紹介しよう．そのために用いるのが L_2 ノルムである．先にも述べたように，L_∞ ノルムに対して

$$|A\boldsymbol{k}|_\infty \geq \frac{|A\boldsymbol{k}|_2}{\sqrt{n}}$$

なる不等式が成立している．まずは，上の式 (3.2) で与えた行列 A に対して

---

[2] このような行列の合成方法は **Kronecker 積**と呼ばれている．

L_2 ノルムを計算してみよう．$\chi(x_i) = \pm 1, i = 1, ..., n,$ であることから

$$
\begin{aligned}
4|A\boldsymbol{k}|_2^2 &= (2A\boldsymbol{k}, 2A\boldsymbol{k}) \\
&= \boldsymbol{k}^\top (J+H)(J+H^\top)\boldsymbol{k} \\
&= \boldsymbol{k}^\top JJ\boldsymbol{k} + \boldsymbol{k}^\top HJ\boldsymbol{k} + \boldsymbol{k}^\top JH^\top \boldsymbol{k} + \boldsymbol{k}^\top HH^\top \boldsymbol{k} \\
&= \sum_{i=1}^{n}\sum_{j=1}^{n}\Big(\chi(x_i)\chi(x_j)(\boldsymbol{h}_1,\boldsymbol{h}_1) + 2\chi(x_i)\chi(x_j)(\boldsymbol{h}_1,\boldsymbol{h}_j) \\
&\qquad\qquad\qquad + \chi(x_i)\chi(x_j)(\boldsymbol{h}_i,\boldsymbol{h}_j)\Big) \\
&= n\left(\left(\sum_{i=1}^{n}\chi(x_i)\right)^2 + 2\chi(x_1)\left(\sum_{i=1}^{n}\chi(x_i)\right) + \left(\sum_{i=1}^{n}\chi(x_i)^2\right)\right) \\
&= n\left(\left(\sum_{i=1}^{n}\chi(x_i) + \chi(x_1)\right)^2 + n - 1\right) \\
&\geq n(n-1)
\end{aligned}
$$

が得られる．得られた不等式は任意の $\boldsymbol{k}$ について成立していることから，

$$\mathrm{disc}(X, \Sigma) = \min_{\boldsymbol{k}} |A\boldsymbol{k}|_\infty \geq \frac{1}{\sqrt{n}} \min_{\boldsymbol{k}} |A\boldsymbol{k}|_2 \geq \frac{\sqrt{n-1}}{2}$$

が導かれる．これを上界 $\sqrt{2n\log(2n)}$ と比べてみると，対数項を無視すれば同じ大きさ $O(\sqrt{n})$ であることがわかる．したがって組合せ問題が上の A で与えられるときには，デランダマイゼーションとして条件付き期待値を用いるアルゴリズムによりディスクレパンシーの値にかなり近い値を与える coloring 写像が容易に得られることになる．

3.1.2　van der Waerden の定理

1 と -1 からなる 2 値無限列 $s_1, s_2, ...$ を考えよう．ここで，$a \geq 1, d \geq 1$ を任意の整数として $\{s_{a+id} \mid 0 \leq i < \ell\}$ を長さ ℓ の「等差部分列」と呼ぶことにする．以下，$\ell = \infty$ のときは「無限等差部分列」と呼ぶことにする．また，等差部分列がすべて 1 またはすべて -1 からなるとき同色であるということにする．1927 年，van der Waerden [105] は次の定理を証明した．

定理 3.1.8　どのような 2 値無限列に対しても，同色の無限等差部分列が存在する．

1964 年，Roth [65] はこの問題を組合せディスクレパンシーを用いて次のように一般化した．まず，自然数の集合 $X = \{1, 2, ..., n\}$ をとり，coloring 写像 $s_i = \chi(i)$, $i \in X$, により得られる 2 値数列を $s_1, ..., s_n$ とする．また，X の部分集合として等差数列

$$S_{a,d,\ell} = \{a + id \mid 0 \leq i < \ell\}$$

を考え，部分集合族を

$$\Sigma = \{S_{a,d,\ell} \subseteq X \mid a \geq 1; d \geq 1; \ell \geq 1\}$$

と定義して，(X, Σ) の組合せディスクレパンシー

$$\mathrm{disc}(X, \Sigma) = \min_{\chi} \max_{a,d,\ell} |\chi(S_{a,d,\ell})|$$

を考察するのである．$|\chi(S_{a,d,\ell})|$ は各部分集合における赤の数と青の数の差を表している．van der Waerden の問題では各部分集合が同色になるという非常に強い条件を課していたが，Roth の定式化ではかなり緩和されている．

部分集合の総数は

$$m = |\Sigma| = n + \sum_{a=1}^{n-1} \sum_{d=1}^{n-a} \left\lfloor \frac{n-a}{d} \right\rfloor = n + \sum_{a=1}^{n-1} \sum_{\ell=2}^{n-a+1} \left\lfloor \frac{n-a}{\ell - 1} \right\rfloor$$

となることから，

$$\frac{(n-1)^2 \log(n-1)}{2} - \frac{3n^2 - 8n}{4} \leq m \leq \frac{n^2 \log n}{2} + \frac{(n+1)^2}{4}$$

が得られ，$m = O(n^2 \log n)$ であることが分かる．

先の条件付き期待値を用いるデランダマイゼーションを使えば，

$$\sqrt{2n \log(2m)} \approx \sqrt{4n \log(n \log n)}$$

より小さい $\max_{a,d,\ell} |\chi(S_{a,d,\ell})|$ の値を与える coloring 写像 χ を簡単に得ることができるが，それが組合せディスクレパンシーと比べてどのくらい大きいかは興味を引く問題である．まず，Roth [65] が

$$\mathrm{disc}(X, \Sigma) \geq c n^{1/4}$$

を証明した．ここで，$c > 0$ は定数．この下界が最良のものかどうかは 30 年以上未解決となっていたが，1996 年に Matoušek と Spencer [48] が

$$\mathrm{disc}(X, \Sigma) = O(n^{1/4})$$

を証明して決着した．したがって，先に述べたデランダマイゼーションではかなり物足りないことになる．しかし，彼らの証明は存在証明であったことから，Roth の下界にオーダーが一致するようなはるかに洗練されたデランダマイゼーションを求める研究が現在も続けられている [11]．

3.2　一様分布論と幾何ディスクレパンシー

まず，1 次元無限点列の一様性から始めよう．その定義は次のようになる．

定義 3.2.1　単位区間 $[0,1]$ 内の無限点列を $x_n, n = 0, 1, ...,$ とし，その先頭 N 点からなる点集合を $P_N = \{x_0, x_1, ..., x_{N-1}\}$ とする．任意の区間 $I = [\beta, \alpha] \subseteq [0,1], \beta < \alpha,$ に対して，

$$\lim_{N \to \infty} \frac{\#(I; P_N)}{N} = |I|$$

となれば，無限点列 $x_n, n = 0, 1, ...$ は一様であるという．ここで，$|I|$ は区間 I の長さ $\alpha - \beta$ を表し，$\#(I; P_N)$ は区間 I に含まれる P_N 内の点の数を表す．

この一様性に関して，「Weyl の規準」[109] として知られる必要十分条件が次の定理である．

定理 3.2.2　単位区間 $[0,1)$ 内の無限点列 $x_n, n = 0, 1, ...,$ が一様であるための必要十分条件は，

$$\lim_{N \to \infty} \frac{1}{N} \sum_{n=0}^{N-1} \exp(2\pi \mathrm{i}\, k x_n) = \begin{cases} 0 & \text{もし } k \neq 0 \text{ ならば} \\ 1 & \text{その他} \end{cases}$$

である．ここで，k は非負整数とする．

一様分布する無限点列の代表的なものが次の Weyl 列[3]であり，その一様性は上の規準を用いれば容易に証明できる．

例 3.2.3　Weyl 列 $\{n\theta\}, n = 0, 1, ...,$ は，θ が無理数であれば一様となる．ここで，$\{x\}$ は実数 x の浮動小数部分をとることを意味する．

さて，次に有限点列の場合を考えよう．無限点列を有限点列に置き換えることで一様性からのズレを定量的に捉えることが可能になる．ディスクレパ

---

[3] あるいは 1 次元 Kronecker 列ともいう．

ンシーの定義は次の二つが代表的なものであ.

定義 3.2.4 単位区間 $[0,1]$ 内の N 点集合を P_N とする. そのとき, 点集合 P_N のディスクレパンシーは, 任意の区間を $I = [\beta, \alpha) \subseteq [0,1]$, $\beta < \alpha$, として

$$D(P_N) = \sup_{\alpha, \beta \in [0,1]} \left| \frac{\#([\beta, \alpha); P_N)}{N} - |I| \right|$$

と定義される. また, $\beta = 0$ に制限した場合も広く使われており, **スターディスクレパンシー**と呼ばれている. 具体的には,

$$D^*(P_N) = \sup_{\alpha \in [0,1]} \left| \frac{\#([0, \alpha); P_N)}{N} - \alpha \right|$$

と定義される.

定義から明らかに $0 \leq D^*(P_N) \leq D(P_N) \leq 1$ が成立している. さらに, $\#([\beta, \alpha), N) = \#([0, \alpha), N) - \#([0, \beta), N)$ から $D(P_N) \leq 2D^*(P_N)$ が成立する.

スターディスクレパンシーは, P_N の各点を小さい順に並べたものを $\{x_{(0)}, x_{(1)}, ..., x_{(N-1)}\}$ と書くことにすれば

$$D^*(P_N) = \frac{1}{2N} + \max_{0 \leq n \leq N-1} \left| x_{(n)} - \frac{2n+1}{2N} \right|$$

と書き下すことができる. すると直ちに,

$$D_N^* := \inf_{P_N} D^*(P_N) = \frac{1}{2N}$$

が導かれる. ここで, スターディスクレパンシーを最小化する点集合 P_N, $N \geq 1$, は

$$P_N = \left\{ \frac{2n+1}{2N} \mid n = 0, 1, ..., N-1 \right\}$$

となる. ディスクレパンシーについては

$$D_N := \inf_{P_N} D(P_N) = \frac{1}{N}$$

であり, 最小化する点集合 P_N, $N \geq 1$, は, 任意の $0 \leq \delta < 1/N$ をとって,

$$P_N = \left\{ \delta + \frac{n}{N} \mid n = 0, 1, ..., N-1 \right\}$$

となる．

最後に，単位区間 $[0,1]$ 内の無限点列が一様であるための必要十分条件として

$$\lim_{N\to\infty} D^*(P_N) = 0$$

が得られることに注意したい．ここで，P_N は無限点列の先頭 N 点からなる点集合を表している．

3.2.1 van der Corput 列

以上の準備の下，van der Corput [104] が定義した van der Corput 列と今日呼ばれている無限点列について紹介しよう．それは，次のように定義される．

定義 3.2.5 整数 $n \geq 0$ の 2 進展開を

$$n = \sum_{j=1}^{\infty} a_{n,j} 2^{j-1}$$

とするとき，1 次元無限点列

$$v_n = \sum_{j=1}^{\infty} \frac{a_{n,j}}{2^j}, \quad n = 0, 1, \ldots$$

を **van der Corput 列**と呼ぶ．

具体的には次のような点列になる．

$$0, \frac{1}{2}, \frac{1}{4}, \frac{3}{4}, \frac{1}{8}, \frac{5}{8}, \frac{3}{8}, \frac{7}{8}, \frac{1}{16}, \frac{9}{16}, \frac{5}{16}, \frac{13}{16}, \frac{3}{16}, \frac{11}{16}, \frac{7}{16}, \frac{15}{16}, \ldots$$

これは，

$$0, \frac{1}{2}, \frac{1}{4}, \frac{3}{4}, \frac{1}{8}, \frac{3}{8}, \frac{5}{8}, \frac{7}{8}, \ldots, \frac{1}{2^n}, \frac{3}{2^n}, \ldots, \frac{2^n-1}{2^n}, \ldots$$

という無限列の順番を入れ換えただけであるが，大きな違いは，van der Corput 列では任意の引き続く 2 項 (v_n, v_{n+1}) をみると，1/2 以上の数と未満の数が交互に現れていることである．もっと詳しく調べてみると，任意の整数 $m \geq 1$ に対して引き続く 2^m 項

$$(x_{\ell 2^m}, x_{\ell 2^m+1}, \ldots, x_{(\ell+1)2^m-1})$$

の各項が，すべての $\ell \geq 0$ に関して，区間 $[0,1)$ を 2^m 等分した部分区間にちょうど 1 項ずつ落ちていることがわかる．この性質から次の補題が導かれる．

補題 3.2.6 $m \geq 1$ を任意の整数とし，I を次のような区間と定義する．

$$I = \left[\frac{a}{2^m}, \frac{c}{2^m}\right), \quad 0 \leq a < c \leq 2^m$$

ここで，a および c は整数とする．そのとき，van der Corput 列の先頭 N 点からなる点集合 P_N は，任意の $N \geq 1$ に対して，

$$\left|\#(I; P_N) - N|I|\right| \leq c - a$$

を満たす．また $N \leq 2^m$ ならば

$$\#(I; P_N) \leq c - a$$

を満たす．

この補題を用いると van der Corput 列のディスクレパンシーを解析することができる．まず，N の特殊な場合 $N = 2^m$, $m = 1, 2, ...$, については $D(P_N) = 1/N$ が成立することが容易にわかる．任意の $N > 1$ については以下のように解析できる．実数 $0 \leq \alpha < 1$ の 2 進展開を $\alpha = a_1/2 + a_2/4 + \cdots$ とすれば，区間 $[0, \alpha)$ は互いに交わらない部分区間 $I_1 = [0, a_1/2)$ および

$$I_k = \left[\sum_{j=1}^{k-1} \frac{a_j}{2^j}, \sum_{j=1}^{k} \frac{a_j}{2^j}\right), \quad k = 2, 3, ...$$

を用いて

$$[0, \alpha) = I_1 \cup \cdots \cup I_M \cup \bar{I}_M$$

と表せる．ここで $M = \lceil \log_2 N \rceil$ であり，

$$\bar{I}_M = \left[\sum_{j=1}^{M} \frac{a_j}{2^j}, \alpha\right)$$

と定義する．すると

$$\left|\#([0,\alpha); P_N) - N\alpha\right| \leq \sum_{k=1}^{M} \left|\#(I_k; P_N) - N|I_k|\right| + R_M$$

と書くことができる．ここで，$R_M = \left|\#(\bar{I}_M; P_N) - N|\bar{I}_M|\right|$ である．上の補題 3.2.6 から，

$$|\#(I_k; P_N) - N|I_k|| \leq 1$$

かつ $R_M \leq 1$ が成立している．したがって，

$$\sup_\alpha |\#(I; P_N) - N\alpha| \leq M + 1$$

を得る．一般に $D(P_N)$ と $D^*(P_N)$ は高々2倍の違いしかないので[4]，結局次の定理が得られる．

定理 3.2.7 van der Corput 列の先頭 N 点からなる点集合 P_N は，

$$D(P_N) = O\left(\frac{\log N}{N}\right)$$

を満たす．

[4] 実は van der Corput 列では任意の $N \geq 1$ に対して $D(P_N) = D^*(P_N)$ が成立している．

最後に，単位区間内に一様に分布するランダムな N 点のディスクレパンシーの期待値は中心極限定理から $O(1/\sqrt{N})$ となることを指摘しておきたい．この値は van der Corput 列のディスクレパンシーよりかなり大きいことがわかる．平均値の定理から期待値以下のディスクレパンシーを持つ N 点集合は少なくとも一つ存在することから，van der Corput 列はデランダマイゼーションの一例とみなすことができる．

3.2.2　van der Corput の予想

20世紀前半，一様分布論において重要な役割を果たした van der Corput の予想について紹介しよう．それは彼の 1935 年のもう一つの論文 [103] の中で述べられたものである．以下では，無限点列 $x_0, x_1, ...$ の先頭 N 点を $P_N = \{x_0, x_1, ..., x_{N-1}\}$ で表すことにする．

予想 3.2.8（van der Corput） 単位区間 $[0,1]$ 内のどのような無限列に対しても，$ND(P_N)$ は $O(1)$ にはならない[5]．

前節で紹介した van der Waerden の定理（定理 3.1.8）を

「どのような2値無限列に対しても，同色等差部分列の長さの最大値は $O(1)$ にはならない．」

のように表現しなおせば，van der Corput の考えていたことが理解しやすい．この予想については，10年ほど経って van Aardenne–Ehrenfest が肯定的

[5] $O(1)$ は「有限」を意味している．

に証明し，さらにどのような無限点列に対しても

$$ND(P_N) = \Omega\left(\frac{\log\log N}{\log\log\log N}\right)$$

が成立することを示した[6]．

そしてさらに 10 年ほど経って Roth [64] が下界を次のように改良した．

$$ND(P_N) = \Omega(\sqrt{\log N})$$

当時多くの研究者がこの下界は最良だろうと考えていたので，van der Corput 列に対して得られていた上界 $O(\log N)$ がこの下界に一致するように改良されることが期待されていたが，10 年ほど経って Haber [22] が次の補題を導いた．

補題 3.2.9 van der Corput 列の先頭 N 点からなる点集合 P_N は，任意の $N \geq 1$ に対して，

$$ND(P_N) = \sum_{m=1}^{\infty} \left\langle \frac{N}{2^m} \right\rangle$$

を満たす．ここで，$\langle x \rangle$ は実数 x とそれに最も近い整数との距離，すなわち $\langle x \rangle = \min(\lceil x \rceil - x, x - \lfloor x \rfloor)$ を表す．

この補題から直ちに，van der Corput 列に対して

$$ND(P_N) = \Omega(\log N)$$

であることが示される．

最終的には 1972 年，Schmidt [67] が単位区間 $[0,1]$ 内のどのような無限点列に対しても

$$ND(P_N) = \Omega(\log N)$$

が成立することを証明し，van der Corput 予想は最終的に決着した．このことから，van der Corput 列は一様な無限点列として最良であることがいえる．ちなみに θ を 2 次無理数とする Weyl 列に対して $ND(P_N) = O(\log N)$ かつ $\Omega(\log N)$ であることが 1920 年代から知られているので，これもまた無限点列として最良である．

---

6) ここで，$f(n) = \Omega(g(n))$ は Hardy–Littewood の意味で用いている．つまり，$\lim_{n \to \infty} f(n)/g(n) = 0$ とはならないことを意味する．別の言い方をすれば

$$\limsup_{n \to \infty} \left| \frac{f(n)}{g(n)} \right| > 0$$

である．

4 幾何ディスクレパンシー

前章において1次元単位区間内の点列の一様性を測る量としてディスクレパンシーを定義し，その意味で非常に一様な点列として van der Corput 列を紹介した．本章では，その話を高次元（2次元以上）に拡張しよう．

4.1 Great Open Conjecture

$s \geq 1$ を整数として s 次元無限点列の一様性から始めよう．その定義は次のようになる．

定義 4.1.1 s 次元単位超立方体 $[0,1]^s$ 内の無限点列を $X_n, n = 0, 1, ...,$ とし，$P_N = \{X_0, X_1, ..., X_{N-1}\}$ とする．任意の区間 $I = \prod_{i=1}^{s}[\beta_i, \alpha_i) \subseteq [0,1]^s$, $\beta_i < \alpha_i; i = 1, ..., s,$ に対して，

$$\lim_{N \to \infty} \frac{\#(I; P_N)}{N} = |I|$$

となれば，無限点列 $X_n, n = 0, 1, ...,$ は**一様**であるという．ここで，$|I|$ は区間 I の体積 $\prod_{i=1}^{s}(\alpha_i - \beta_i)$ を表し，$\#(I; P_N)$ は区間 I に含まれる P_N 内の点の数を表す．

次は，s 次元単位超立方体におけるスターディスクレパンシーの定義である．

定義 4.1.2 s 次元単位超立方体 $[0,1]^s$ 内の N 点集合を P_N とし，$I = \prod_{i=1}^{s}[0, \alpha_i) \subseteq [0,1]^s$ とする．そのとき，点集合 P_N の**スターディスクレパンシー**は

$$D_s^*(P_N) = \sup_{(\alpha_1,...,\alpha_s) \in [0,1]^s} \left| \frac{\#(I; P_N)}{N} - \alpha_1 \cdots \alpha_s \right|$$

と定義される[1]．

---

[1] 定義に用いられている量

$$\frac{\#(I; P_N)}{N} - \alpha_1 \cdots \alpha_s$$

は局所ディスクレパンシーと呼ばれている．

1次元 ($s=1$) のときは，前の章で述べたスターディスクレパンシーに一致している．s次元部分区間を $\prod_{i=1}^{s}[\beta_i, \alpha_i]$ とすれば1次元ディスクレパンシーを一般化したs次元ディスクレパンシー $D_s(P_N)$ も定義できるが，容易にわかるように

$$D_s^*(P_N) \leq D_s(P_N) \leq 2^s D_s^*(P_N)$$

が成り立つことから定数倍 (2^s) の違いしかない．また，後で述べる Koksma–Hlawka の定理との関係から，以下ではスターディスクレパンシーで話を進めることにする．次の定理は基本的である．

定理 4.1.3 s次元単位超立方体 $[0,1]^s$ 内の無限点列 $X_n, n=0,1,...$, が一様であるための必要十分条件は

$$\lim_{N \to \infty} D_s^*(P_N) = 0$$

である．ここで，$P_N = \{X_0, X_1, ..., X_{N-1}\}$ とする．

前章で紹介した van der Corput の予想は1次元無限点列に関するものであったが，それを高次元に拡張したものが，この分野で Great Open Conjecture と呼ばれている．

予想 4.1.4（Great Open Conjecture） s次元単位超立方体 $[0,1]^s$ 内のどのような無限点列に対しても，その先頭 N 点からなる点集合 P_N のディスクレパンシーは，

$$D_s^*(P_N) = \Omega\left(\frac{(\log N)^s}{N}\right)$$

を満たす．

前にも述べたとおり，1次元 ($s=1$) ではこの予想はすでに解決されているので，高次元 ($s \geq 2$) に対して解決することが望まれている．後でも詳しく説明するが，

$$D_s^*(P_N) = O\left(\frac{(\log N)^s}{N}\right)$$

を満たす s 次元無限点列はすでにいくつか構成法が知られているので，この上界に一致するような下界が存在することが多くの研究者により予想されているのである．

ちなみに，現在知られている下界は，1986年に Proinov が証明したもので，

$s \geq 2$ に対し

$$D_s^*(P_N) = \Omega\left(\frac{(\log N)^{s/2}}{N}\right)$$

である[2]．また，Drmota と Tichy [16, p. 40] によれば，上の予想 4.1.4 は次のように述べることもできる．

[2] 証明は [15] に詳しく紹介されている．

予想 4.1.5 $N > 1$ を任意の整数とする．s 次元単位超立方体 $[0,1]^s$ 内の N 点集合を P_N とすると，どのような P_N に対しても，

$$D_s^*(P_N) \geq c_s \frac{(\log N)^{s-1}}{N}$$

が成立する．ここで，c_s は次元 s のみに依存する正定数．

L_∞ ノルムの代わりに L_2 ノルムを用いてディスクレパンシーを以下のように定義することもできる．

定義 4.1.6 s 次元単位超立方体 $[0,1]^s$ 内の N 点集合 $\{X_0, X_1, ..., X_{N-1}\}$ を P_N とし，$I = \prod_{i=1}^s [0, \alpha_i) \subseteq [0,1]^s$ とする．そのとき，点集合 P_N の L_2 ディスクレパンシーは，

$$T_s^*(P_N) = \left(\int_{[0,1]^s} \left(\frac{\#(I; P_N)}{N} - \alpha_1 \cdots \alpha_s\right)^2 d\alpha_1 \cdots d\alpha_s\right)^{1/2}$$

と定義される．

ノルムの大小関係から，$0 \leq T_s^*(P_N) \leq D_s^*(P_N) \leq 1$ なる関係があることに注意したい．

L_2 ディスクレパンシーについては，次のような展開式が知られている．

$$\left(T_s^*(P_N)\right)^2 = \int_{[0,1]^s \times [0,1]^s} K_s(\boldsymbol{x}, \boldsymbol{y}) d\boldsymbol{x} d\boldsymbol{y} - \frac{2}{N} \sum_{n=0}^{N-1} \int_{[0,1]^s} K_s(X_n, \boldsymbol{y}) d\boldsymbol{y}$$

$$+ \frac{1}{N^2} \sum_{n=0}^{N-1} \sum_{m=0}^{N-1} K_s(X_n, X_m) \tag{4.1}$$

ここで

$$K_s(\boldsymbol{x}, \boldsymbol{y}) = \int_{[0,1]^s} \chi_I(\boldsymbol{x}) \chi_I(\boldsymbol{y}) d\alpha_1 \cdots d\alpha_s = \prod_{i=1}^s \min(1 - x_i, 1 - y_i)$$

であり，$\boldsymbol{x} = (x_1, ..., x_s)$ かつ $\boldsymbol{y} = (y_1, ..., y_s)$ とする．また，$I = \prod_{i=1}^s [0, \alpha_i) \subseteq$

$[0,1]^s$ として

$$\chi_I(\bm{x}) = \begin{cases} 1 & \text{もし } \bm{x} \in I \text{ ならば} \\ 0 & \text{その他} \end{cases}$$

は特性関数を表わす．

L_2 ディスクレパンシーの最適な下界に関しては，Roth の二つの結果がよく知られている．最初のものは下界に関するものである [64]．

定理 4.1.7 $N > 1$ を任意の整数とする．s 次元単位超立方体 $[0,1]^s$ 内の N 点集合を P_N とすると，どのような P_N に対しても，

$$T_s^*(P_N) \geq c_s \frac{(\log N)^{\frac{s-1}{2}}}{N}$$

が成立する．ここで，c_s は次元 s のみに依存する正定数．

そして 20 年以上経って，上の結果が最適であることが示された [66]．

定理 4.1.8 s 次元単位超立方体 $[0,1]^s$ 内の N 点集合を P_N とすると，

$$T_s^*(P_N) = O\left(\frac{(\log N)^{\frac{s-1}{2}}}{N}\right)$$

を満たす P_N が存在する．

Roth の証明は単なる存在証明であったために，具体的な構成方法を与えることが懸案となっていたが，この問題は 21 世紀に入って Chen と Skriganov [10] が Faure 列（4.2.3 節参照）を応用することによって解決した．

1990 年代まではディスクレパンシーを評価する際，次元 s は一定として点数 N の関数としてとらえていたが，この 20 年の間に，ディスクレパンシーを s と N 両方の関数として明示的に評価するという研究が活発になっている．その成果の一つが次の定理 [25, 28] である．以下

$$D_{s,N}^* = \inf_{P_N} D_s^*(P_N)$$

と書くことにする．

定理 4.1.9 すべての整数 $s \geq 1$ および $N \geq 1$ に対して，

$$\min\left(\varepsilon, \frac{c_1 s}{N}\right) \leq D_{s,N}^* \leq c_2 \sqrt{\frac{s}{N}}$$

を満たす正定数 c_1, c_2 および ε が存在する.

最後に，後の章とも密接に関連するため，ディスクレパンシーの定義の拡張をここで紹介しておこう．まず，ディスクレパンシーの定義が，次のように書き直せることに注目する．以下，積分を

$$I(f) = \int_{[0,1]^s} f(x_1, ..., x_s) dx_1 \cdots dx_s$$

と書き，$[0,1]^s$ 内の N 点集合 $P_N = \{X_0, ..., X_{N-1}\}$ に対して，

$$Q_N(f) = \frac{1}{N} \sum_{n=0}^{N-1} f(X_n)$$

と書くことにする．するとディスクレパンシーは次のように書ける．

$$D_s^*(P_N) = \sup_{(\alpha_1, ..., \alpha_s) \in [0,1]^s} \left| I(\chi_I) - Q_N(\chi_I) \right|$$

および，

$$T_s^*(P_N) = \left(\int_{[0,1]^s} \left(I(\chi_I) - Q_N(\chi_I) \right)^2 d\alpha_1 \cdots d\alpha_s \right)^{1/2}$$

である[3]．見てわかるように，特性関数 χ_I を被積分関数とするときの積分誤差がディスクレパンシーなのである．したがって，もし χ_I を別の基底関数（例えば三角関数等）に置き換えれば，いくらでも異なったディスクレパンシーが定義できることになる．

[3] ここから展開式 (4.1) が導かれることに注意.

4.2　超一様分布列の構成法

まず，超一様分布列 (low-discrepancy sequences) を定義しよう．

定義 4.2.1　超一様分布列は s 次元単位超立方体 $[0,1]^s$ 内の無限点列であり，それを $X_n, n = 0, 1, ...,$ と表すとき，先頭の N 点からなる集合 $P_N = \{X_0, ..., X_{N-1}\}$ がすべての $N > 1$ に対して，

$$D_s^*(P_N) \leq c_s \frac{(\log N)^s}{N}$$

を満たすものである．ここで，c_s は次元 s のみに依存する正定数．

この定義における右辺は現在予想されている最適な下界 (Great Open Conjecture) と比べると，N に関して同じオーダーになっている．つまり，超一様分布列というのは，ディスクレパンシーの意味ではこれ以上一様性を高めることができない点列として定義されているのである．1次元では van der Corput 列と2次無理数を用いた Weyl 列は1次元超一様分布列となる．

ここで，van der Corput 列の一般化をしておこう．基底を任意の整数 $b \geq 2$ に拡張し，$\sigma_j, j = 1, 2, ...,$ のそれぞれを集合 $\{0, 1, ..., b-1\}$ 上の順列とする．具体的には，$\sigma_j(x) = x + j \pmod{b}, j = 1, 2, ...,$ のようなものを考えればよい．そのとき，一般化 van der Corput 列は次のように定義できる．

定義 4.2.2 整数 $n \geq 0$ の b 進展開を

$$n = \sum_{j=1}^{\infty} a_{n,j}(b) b^{j-1}$$

とするとき，1次元点列

$$v_n = \sum_{j=1}^{\infty} \frac{\sigma_j(a_{n,j}(b))}{b^j}, \quad n = 0, 1, ...$$

を基底 b の**一般化 van der Corput 列**と呼ぶ[4]．

van der Corput 列は $b = 2$ で $\sigma_j, j = 1, 2, ...,$ がすべて恒等変換である場合に対応している．

[4) 細かい話になるが，順列 σ_j がすべて $\sigma_j(0) = b - 1, j = 1, 2, ...,$ を満たすようなものもこの定義には含まれているので，その場合は $v_0 = 1$ となる．]

4.2.1 Halton 列

基底 $b_1, ..., b_s$ をどの二つも互いに素な正整数として得られる s 個の一般化 van der Corput 列を s 次元無限点列の各座標に割り当てたものを**一般化 Halton 列**と呼んでいる．その中でも，$\sigma_j, j = 1, 2, ...,$ をすべて恒等変換にしたものが Halton 列 [23] である．名前の由来は，この数列が超一様分布列になることを Halton が証明したからである．

定理 4.2.3 Halton 列の先頭 N 点からなる点集合 P_N のディスクレパンシーは，任意の $N > 1$ に対して，

$$D_s^*(P_N) \leq \prod_{i=1}^{s} \left(\frac{3b_i - 2}{\log b_i} \right) \frac{(\log N)^s}{N}$$

を満たす．

この定理の証明は，次の中国人剰余定理に大きく負っている．

定理 4.2.4 $b_1,...,b_s$ をどの二つも互いに素な正整数とする．また $e_1,...,e_s$ を非負整数とし，$M = b_1^{e_1} \cdots b_s^{e_s}$ とする．任意の整数 $0 \leq N < M$ が，

$$N \equiv n_i \pmod{b_i^{e_i}}, \quad i = 1,...,s$$

と表されるとき，$(n_1,...,n_s)$ と N は 1 対 1 に対応する．ここで，$0 \leq n_i < b_i^{e_i}$, $i = 1,...,s$, とする．

この定理と Halton 列の一様性との関係を見るには次のような部分区間を考えるとわかりやすい．

$$\prod_{i=1}^{s} \left[\frac{j_i}{b_i^{e_i}}, \frac{j_i+1}{b_i^{e_i}} \right)$$

ここで，$0 \leq j_i < b_i^{e_i}$ は整数であり，また部分区間の体積はすべて $1/M$ となっていることに注意する．定理 4.2.4 から，すべての $\ell \geq 0$ に対して，Halton 列 $X_n, n = 0, 1,...$, の引き続く M 項

$$(X_{\ell M}, X_{\ell M+1},..., X_{(\ell+1)M-1})$$

の各項が，上の部分区間のおのおのにちょうど 1 点ずつ落ちていることが言える．そしてこの性質が任意の非負整数 $e_1,...,e_k$ に関して成り立つのである．Halton 列の持つこの一様性が，超一様分布列であることの証明に重要な役割を果たしている．また，この性質は順列変換 $\sigma_j, j = 1, 2,...$, を導入しても不変なので定理 4.2.3 は一般化 Halton 列に対しても成立している．

Halton の定理において，定数部分 $\prod_{i=1}^{s}((3b_i - 2)/\log b_i)$ を最小にするには $b_1,...,b_s$ に素数を小さい順に割り当てればよい．すると，i 番目に小さい素数 b_i は素数定理 $b_i = O(i \log i)$ を満たすことから，定数部分は次元に関して $O(s^s)$ の勢いで大きくなっていくことがわかる[5]．

5) $O(s!)$ と書いてもよいが定数部分の議論では O の中に c^s (c 定数) は含めてしまうことが多い．

4.2.2 Sobol' 列

Halton の論文から 10 年ほど経って，旧ソビエトの技術者であり数学者でもあった Sobol' [70] が超一様分布列の新たな構成法を提案した．彼はそれを LP_t 列と名付けたが，今日では基底 2 の (t,s) 列（注 4.3.4 参照）と呼ばれている．LP_t 列でも (t,s) 列でも，パラメーター t は非負の整数であり，その

値が小さいほど，点列の一様性が高いことを意味している．次元 s において
できるだけ t の値を小さくすることが超一様分布列の構成という点から重要
になるが，彼の与えた一つの答えが今日「Sobol' 列」と呼ばれているもので
ある．

Sobol' 列の構成法について述べよう．その基本となるアイデアは，Halton
列と同様，van der Corput 列を高次元へ拡張するというものである．Halton
列では基底 b を変えることで高次元化したが，Sobol' 列では基底は $b = 2$ の
まま高次元へと拡張することになる．数学的な定義は後の注 4.2.8 に述べる
ので，ここでは，2 次元 Sobol' 列を例に彼のアイデアを直観的に説明しよう．
van der Corput 列の 2 進表現を $v_n = v_{n,1}/2 + v_{n,2}/4 + \cdots$ とすれば，定義
3.2.5 は次のように書くことができる．

$$\bm{v}_n = C\bm{a} \quad (\mathrm{mod}\ 2) \tag{4.2}$$

ここで，$\bm{v}_n = (v_{n,1}, ..., v_{n,m}, ...)^\top$ であり，$\bm{a} = (a_{n,1}, ..., a_{n,m}, ...)^\top$ である．
無限次行列 C はこの場合単位行列に一致する．ちなみに，このように点列生
成に用いる行列を**生成行列**と呼んでいる．

van der Corput 列を 2 次元以上に拡張するためのアイデアは，生成行列と
して単位行列以外のものを用いてはどうかというものである．s 次元では s 個
の異なる生成行列を用いることになる．Sobol' は第 1 座標の生成行列に単位
行列，つまり van der Corput 列を用い，第 2 座標には次のような生成行列を
用いることを考えた．

$$P = \begin{pmatrix} 1 & 1 & 1 & 1 & \cdots \\ & 1 & 2 & 3 & \cdots \\ & & 1 & 3 & \cdots \\ & 0 & & 1 & \cdots \\ & & & & \cdots \end{pmatrix}$$

この行列は，Pascal の三角形が右上半分に置かれたものなので，Pascal 行列
と呼ばれている．Sobol' は，基底を 2 にとり，$GF(2)$ 上で式 (4.2) を計算する
こととし，それにより生成される 2 次元点列が次のような一様性を持つこと
を示した．まず 2 次元単位平面 $[0,1)^2$ の次のような等分割を考える．x 座標
を 2^{t_1} 等分，y 座標を 2^{t_2} 等分するのである．ここで，$t_1 + t_2 = m$ $(t_1, t_2 \geq 0)$
とし，m は任意の正整数である．これで，2 次元単位平面は全部で 2^m 個の
部分区間に等分割できることになる．すると面白いことに，2 次元 Sobol' 列

を $X_n, n = 0, 1, ...,$ と書けば，すべての $\ell \geq 0$ に対して，引き続く 2^m 項

$$(X_{\ell 2^m}, X_{\ell 2^m + 1}, ..., X_{(\ell+1)2^m - 1})$$

の各項が，2^m 等分した2次元部分区間にちょうど1項ずつ落ちているのである．それも $t_1 + t_2 = m$ $(t_1, t_2 \geq 0)$ を満たすすべての (t_1, t_2) に関して成り立つのである．そしてこの一様性が，超一様分布列であることの証明に重要な役割を果たすことになる．さらに Sobol' は，Pascal 行列が1次漸化式に基づく M 系列から生成できることに着目して，高次漸化式に基づく M 系列を用いて3次元以上の場合の各座標の生成行列を作り出すことを行った．その際，すべての生成行列が正則な上三角行列になるようにすることで各座標が van der Corput 列と同等の一様性を持つように定義している．ここで，M 系列の漸化式はその特性多項式が原始多項式となることに注意したい．

彼のもう一つ重要な業績は，LP_t 列のディスクレパンシー解析方法の確立である．それは今日 **double recursion 法**と呼ばれている[6]．また，彼は Haar 関数を応用して，どのような関数のクラスに LP_t 列が有効かを判定する手法も確立している．この研究に関連する話題を第3部において紹介する．Sobol' 列に対して double recursion 法を適用した結果が次の定理である．

定理 4.2.5 Sobol' 列の先頭 N 点からなる点集合 P_N のディスクレパンシーは，任意の $N > 1$ に対して，

$$D_s^*(P_N) \leq \frac{1}{s!} \prod_{i=1}^{s} \left(\frac{2^{e_i - 1}}{\log 2} \right) \frac{(\log N)^s}{N} + O\left(\frac{(\log N)^{s-1}}{N} \right)$$

を満たす．ここで，$e_1 = 1$ であり，$e_i, i = 2, ..., s,$ は，すべての $GF(2)$ 上の原始多項式を次数の低い順に並べたときの第 $(i-1)$ 番目の原始多項式の次数に等しい．

右辺の上界は二つの項に分かれているが，主要項の定数部分は

$$\limsup_{N \to \infty} \frac{N D_s^*(P_N)}{(\log N)^s}$$

の上界として使えるので，Great Open Conjecture（予想 4.1.4）とも密接に関係しており，この値をできるだけ小さく評価することは重要である．Sobol'[70] によれば，c を正定数として

$$e_i \leq \log_2 i + \log_2 \log_2 (i+1) + \log_2 \log_2 \log_2 (i+3) + c, \qquad i \geq 1$$

[6] その詳細は [14] に述べられている．ただし，この名称は使われていない．

が成立することから，主要項の定数部分は $O((\log s)^s) \to \infty$, $(s \to \infty)$ となる．その増加のスピードは超指数関数的ではあるが，Halton 列の $O(s^s)$ と比べると大きな改良だった．

4.2.3　Faure 列

先に紹介した Sobol' のアイデアをさらに一般化したのが Faure[17] である．彼は，基底を次元以上の素数，すなわち $b \geq s$ とし，Pascal 行列をベキ乗したものを各座標の生成行列としたのである．また，計算はすべて $GF(b)$ で行うものとした．

Faure 列の一様性を理解するには，まず，生成行列と一様性の関係を理解する必要がある．1 次元の場合，つまり van der Corput 列の一様性は，単位行列の任意の左上正方行列が常に正則であることに由来している．2 次元 Sobol' 列の場合は，単位行列の左上 $m \times m$ 行列における上から t_1 個の行ベクトルおよび Pascal 行列の左上 $m \times m$ 行列における上から t_2 個の行ベクトルに注目しよう．すると，これら全部で $m = t_1 + t_2$ 個の行ベクトルが，任意の $m \geq 1$ に対して線形独立となっているのである．そしてそのことが，先に説明した 2 次元 Sobol' 列の一様性を与えているのである．このような特殊な線形独立性をもつ二つの行列が，単位行列と Pascal 行列ということになる．ここで，素数 b に対して $P^b = I \pmod{b}$ が成り立つことに注意したい．Faure が $b \geq s$ とした理由がここにある．

s 次元の場合について Faure が証明に用いた事実は，任意の整数 k に対して

$$P^k = \begin{pmatrix} 1 & k & k^2 & k^3 & \cdots \\ & 1 & 2k & 3k^2 & \cdots \\ & & 1 & 3k & \cdots \\ & 0 & & 1 & \cdots \\ & & & & \cdots \end{pmatrix}$$

（言い換えると (i,j) 成分が $\binom{j-1}{i-1} k^{j-i}$ となることと，次で示す $m \times m$ 行列

$$\mathcal{P}_m = \begin{pmatrix} (I)_{t_1,m} \\ (P)_{t_2,m} \\ \ldots \\ (P^{i-1})_{t_i,m} \\ \ldots \\ (P^{s-1})_{t_s,m} \end{pmatrix} \quad (4.3)$$

の行列式が $\prod_{1 \leq i < j \leq s}(i-j)^{t_i t_j}$ を定数倍したものに等しいということ，およびこの行列式が $t_1 + \cdots + t_s = m$ $(t_1,...,t_s \geq 0)$ を満たすすべての $(t_1,...,t_s)$ に対して $GF(b)$ でゼロにならないことである．ここで，$(A)_{t,m}$ は無限次行列 A の左上 $t \times m$ 行列を表している[7]．

Faure は，この一様性に基づいて，Sobol' の double recursion 法を適用することで次の定理を証明した．

定理 4.2.6 Faure 列の先頭 N 点からなる点集合 P_N のディスクレパンシーは，任意の $N > 1$ に対して，

$$D_s^*(P_N) \leq \frac{1}{s!}\left(\frac{b-1}{2\log b}\right)^s \frac{(\log N)^s}{N} + O\left(\frac{(\log N)^{s-1}}{N}\right)$$

を満たす．ここで，b は s 以上の素数である．

重要なことは主要項の定数部分が，Bertrand の定理 $s \leq b \leq 2s$ および Stirling の公式 $s! > s^s/e^s$ により

$$\frac{1}{s!}\left(\frac{b-1}{2\log b}\right)^s = O\left(\frac{1}{(\log s)^s}\right) \to 0, \quad s \to \infty$$

となることである．Halton 列および Sobol' 列に対してそれまでに得られていた主要項の定数部分はどちらも超指数関数的に増加していったのに比べると劇的な改良であった．

[7] $\mathcal{P}_m$ は一般化 van der Monde 行列と呼ばれている．

4.2.4 一般化 Niederreiter 列

一般の s 次元に対して，非常に包括的な生成行列の与え方がすでに得られているのでそれを紹介しよう．そうして得られる超一様分布列は，**一般化 Niederreiter 列** [84, 87] と呼ばれている．アプローチは $GF(b)$ 上の形式的 Laurent 展開

$$S(z) = \sum_{r=w}^{\infty} g_r z^{-r}$$

を用いるものである．ここで，b は素数ベキとし，w は $g_w \neq 0$ を満たす任意の整数とする．以下，$p_1(z), ..., p_s(z)$ を $GF(b)$ 上の多項式でどの二つも互いに素とし，$e_i = \deg(p_i) \geq 1, i = 1, ..., s,$ とおく．また $y_m^{(i)}(z)$ は，e_i 個の剰余多項式

$$r_m^{(i)}(z) = y_m^{(i)}(z) \pmod{p_i(z)}, \quad (j-1)e_i < m \leq je_i$$

が任意の $1 \leq i \leq s$ と $j \geq 1$ に対して $GF(b)$ 上線形独立になるような多項式と仮定する．すると，各座標 $1 \leq i \leq s$ ごとに，$j \geq 1$ および $m \geq 1$ に対して，$GF(b)$ 上の形式的 Laurent 展開を

$$\frac{y_m^{(i)}(z)}{p_i(z)^j} = \sum_{r=w}^{\infty} g_r^{(i)}(j,m) z^{-r} \tag{4.4}$$

とすれば，これによって，係数 $g_r^{(i)}(j,m) \in GF(b)$ が決定される．ここで，w は $y_m^{(i)}(z), p_i(z), j$ に依存することに注意したい．

以上の準備の下に，各座標 $1 \leq i \leq s$ の生成行列 $C^{(i)} = (c_{mr}^{(i)})$ の要素を，$m \geq 1$ と $r \geq 1$ に対して，

$$c_{mr}^{(i)} = g_r^{(i)}(\lceil m/e_i \rceil, m)$$

と定義することにする．つまり式 (4.4) で得られる形式的 Laurent 展開の係数を生成行列の"行方向"に並べていくのである．

すると，従来から知られている種々の超一様分布列との関係は次のようにまとめることができる [87]．

注 4.2.7 van der Corput 列は $s = 1$ かつ $b = 2$ で，$p_1(z) = z$ かつすべての $y_m^{(1)}(z) = 1$ とした場合に一致する．

注 4.2.8 Sobol' 列は $b = 2$ で，$p_1(z) = z$ かつ $p_i(z), i = 2, ..., s,$ が第 $(i-1)$ 番目に次数の小さい原始多項式であり，$y_m^{(i)}(z) = y_h^{(i)}(z)$ とした場合に一致する．ここで，$h = m - (\lceil m/e_i \rceil - 1)e_i$ であり $\deg(y_h^{(i)}) = e_i - h$ を満たすものとする．

注 4.2.9 Faure 列は $b \geq s$ が素数で，$p_i(z) = z - i + 1, i = 1, ..., s,$ かつすべての $y_m^{(i)}(z) = 1$ とした場合に一致している．

注 4.2.10 Niederreiter 列は $y_m^{(i)}(z) = z^h v_j^{(i)}(z)$ とした場合の一般化 Niederreiter 列に一致する．ここで，$j = \lceil m/e_i \rceil$ かつ $h = m - 1 - (j-1)e_i$ であり，$v_j^{(i)}(z)$ はすべての $j \geq 1$ について $\text{GCD}(v_j^{(i)}, p_i) = 1$ を満たす多項式である．

　一般化 Niederreiter 列はその名のとおり，その数年前に定義された Niederreiter 列を一般化したものである．この二つのクラスの違いは，上の注 4.2.10 に述べられているが，特に重要な点は，一般化 Niederreiter 列がすべての Sobol' 列をその部分集合として含んでいるのに対し，Niederreiter 列は van der Corput 列（すなわち 1 次元 Sobol' 列）と 2 次元 Sobol' 列しか含んでいない点である．

　原始多項式はつねに既約多項式であることから，Sobol' 列は次のように一般化できる．

定義 4.2.11 $b = 2$ でかつ $p_i(z), i = 1, ..., s$, が第 i 番目に次数の小さい既約多項式とした場合を**一般化 Sobol' 列**と呼ぶ[8]．

　注 4.2.9 から，Faure 列は次のように一般化できる [86]．

定義 4.2.12 $b \geq s$ が素数で，$p_i(z) = z - i + 1$, $i = 1, ..., s$, とした場合を**一般化 Faure 列**と呼ぶ．

　一般化 Niederreiter 列は，有限体上の有理関数体に基づくものであるが，1996 年，Niederreiter と Xing はそれを有限体上の代数関数体 $K/GF(b)$ に拡張し新しい超一様分布列を構成した．具体的には，二つの構成法が提案されている．一つは Xing–Niederreiter 列 [112] と呼ばれるものである．この構成法においては，あらかじめ代数関数体 $K/GF(b)$ を一つ固定し，次元 s に応じてそこから s 個のプレース（素点）を選んで各座標の点列を構成することになる．ここで，代数関数体の種数 g を 0 とした場合（つまり有理関数体）は，一般化 Niederreiter 列に一致することが言える．種数 g が 1 以上の場合は一般化 Niederreiter 列における既約多項式の役割をプレースが果たすことになる．もう一つの方法は Niederreiter–Xing 列 [51] と呼ばれている．この構成法では，次元 s に応じて異なる代数関数体 $K/GF(b)$ が用いられる．その際，用いられる代数関数体としては有理点（次数 1 のプレース）の個数が s 以上となるものが選ばれる．代数関数体の種数 g が大きくなると，有理点が多く取れる（$O(g)$ ぐらい存在する）ことが知られている．

[8] Sobol' 列にならって各座標が $(0,1)$ 列になるという条件をつける場合もある．

4.2.5　Halton 列の多項式版

この節では，有限体上の多項式に基づく Halton 列 [84, 87]（以下，多項式 Halton 列と呼ぶ）を定義し，そのディスクレパンシーを考えることにする．結果として，それが一般化 Niederreiter 列の特殊な部分集合になることが示される．自明なことだが，オリジナルの Halton 列は各座標毎に異なる基底を用いているので一般化 Niederreiter 列には含まれない．そのため，そのディスクレパンシーの解析は double recursion 法を用いて行うことができず，別の方法（中国人剰余定理）が用いられた．ところが面白いことに，多項式 Halton 列の場合は，double recursion 法によって解析することができるのである．

まず，van der Corput 列の多項式版を考える必要がある．そのためには有限体 $GF(b)$ 上の多項式に関する基底逆関数を定義しなければならない．以下，b は素数ベキとし，$[S(z)]$ を $GF(b)$ 上の形式的 Laurent 展開 $S(z)$ の多項式部分と定義する．

定義 4.2.13　n を非負整数とし，その b 進展開を

$$n = a_{n,1} + a_{n,2}b + \cdots + a_{n,m+1}b^{m+1}$$

とする．ここで，$m = \max\left(\lfloor \log_b n \rfloor, 0\right)$ とする．また

$$v_n(z) = n_m z^m + \cdots + n_1 z + n_0$$

と書くことにする．ここで，$n_h = \psi_h(a_{n,h+1}), h = 0, 1, ..., m,$ であり，

$$\psi_h : \{0, 1, ..., b-1\} \to GF(b), \quad h = 0, 1, ...$$

は全単射とする．

そのとき，$p(z)$ を $GF(b)$ 上の任意の非定数多項式とすると，$v_n(z)$ は $p(z)$ に関して次のように書ける．

$$v_n(z) = r_d(z)p(z)^d + \cdots + r_1(z)p(z) + r_0(z)$$

ここで，$e = \deg(p)$ および $d = \lfloor m/e \rfloor$ であり，

$$r_j(z) = [v_n(z)/p(z)^j] \pmod{p(z)}, \quad j = 0, 1, ..., d$$

とおく．ここで，すべての $j = 0, 1, ..., d$ について $e > \deg(r_j)$ となることに注意する．以後，$p(z)$ を**基底多項式**と呼ぶことにする．

以上の準備のもとに，基底逆関数 $\phi_{p(z)}$ を $GF(b)$ 上の多項式から $GF(b)$ 上

の形式的 Laurent 展開へのマッピングとして

$$\phi_{p(z)}(v_n(z)) = \frac{r_0(z)}{p(z)} + \cdots + \frac{r_{d-1}(z)}{p(z)^d} + \frac{r_d(z)}{p(z)^{d+1}} = \sum_{l=1}^{\infty} g_l z^{-l}$$

と定義する.

基底逆関数 $\phi_{p(z)}(v_n(z))$ の簡単な例をあげよう. 以下, すべての h について $\psi_h(0) = 0$ かつ $\psi_h(1) = 1$ とする.

例 4.2.14 基底多項式 $p(z) = z$ を $GF(2)$ 上の多項式とする. そのとき, $n = 0, 1, ..., 7$ に対して,

$$\begin{aligned}
v_0(z) &= 0, & \phi_z(v_0(z)) &= 0, \\
v_1(z) &= 1, & \phi_z(v_1(z)) &= z^{-1}, \\
v_2(z) &= z, & \phi_z(v_2(z)) &= z^{-2}, \\
v_3(z) &= z+1, & \phi_z(v_3(z)) &= z^{-1} + z^{-2}, \\
v_4(z) &= z^2, & \phi_z(v_4(z)) &= z^{-3}, \\
v_5(z) &= z^2+1, & \phi_z(v_5(z)) &= z^{-1} + z^{-3}, \\
v_6(z) &= z^2+z, & \phi_z(v_6(z)) &= z^{-2} + z^{-3}, \\
v_7(z) &= z^2+z+1, & \phi_z(v_7(z)) &= z^{-1} + z^{-2} + z^{-3}
\end{aligned}$$

となる.

例 4.2.15 基底多項式 $p(z) = z+1$ を $GF(2)$ 上の多項式とする. そのとき, $n = 0, 1, ..., 7$ に対して,

$$\phi_{z+1}(v_0(z)) = 0,$$
$$\phi_{z+1}(v_1(z)) = \frac{1}{z+1} = z^{-1} + z^{-2} + \cdots,$$
$$\phi_{z+1}(v_2(z)) = \frac{1}{z+1} + \frac{1}{(z+1)^2} = z^{-1} + z^{-3} + \cdots,$$
$$\phi_{z+1}(v_3(z)) = \frac{1}{(z+1)^2} = z^{-2} + z^{-4} + \cdots,$$
$$\phi_{z+1}(v_4(z)) = \frac{1}{z+1} + \frac{1}{(z+1)^3} = z^{-1} + z^{-2} + z^{-5} + z^{-6} + \cdots,$$
$$\phi_{z+1}(v_5(z)) = \frac{1}{(z+1)^3} = z^{-3} + z^{-4} + z^{-7} + z^{-8} + \cdots,$$
$$\phi_{z+1}(v_6(z)) = \frac{1}{(z+1)^2} + \frac{1}{(z+1)^3} = z^{-2} + z^{-3} + z^{-5} + z^{-6} + \cdots,$$

$$\phi_{z+1}(v_7(z)) = \frac{1}{z+1} + \frac{1}{(z+1)^2} + \frac{1}{(z+1)^3} = z^{-1} + z^{-4} + z^{-5} + z^{-8} + \cdots$$

となる.

次に述べる補題は，証明は簡単だが重要である.

補題 4.2.16 n を任意の非負整数とするとき，$v_n(z) = n_m z^m + \cdots + n_1 z + n_0$ に対して，

$$\phi_{p(z)}(v_n(z)) = \sum_{h=0}^{m} n_h \phi_{p(z)}(z^h)$$

が成立する.

したがって，

$$\phi_{p(z)}(v_n(z)) = g_1 z^{-1} + g_2 z^{-2} + \cdots$$

と書くことにすると，上の補題より，任意の $l \geq 1$ に対して $\boldsymbol{g}(l) = (g_1, g_2, ..., g_l)^\top$ は $\boldsymbol{n}(l) = (n_0, n_1, ..., n_{l-1})^\top$ の線形変換，すなわち，$GF(b)$ 上の $l \times l$ 行列 C_l を用いて，

$$\boldsymbol{g}(l) = C_l \, \boldsymbol{n}(l)$$

と表せることがわかる．ここで，注意すべきことは $\phi_{p(z)}(z^j)$ の形式的 Laurent 展開の係数が行列 C_l の成分として "列方向" に並んでいる点である．さらに，次の補題は重要である.

補題 4.2.17 すべての $l \geq 1$ に対して，C_l は対称行列となる.

例 4.2.15 に引き続いて具体例を示そう．行列 C_8 は点列 $\phi_{z+1}(v_n(z))$, $n = 0, 1, ..., 2^8 - 1$, に対して

$$C_8 = \begin{pmatrix} 1 & 1 & 1 & 1 & 1 & 1 & 1 & 1 \\ 1 & 0 & 1 & 0 & 1 & 0 & 1 & 0 \\ 1 & 1 & 0 & 0 & 1 & 1 & 0 & 0 \\ 1 & 0 & 0 & 0 & 1 & 0 & 0 & 0 \\ 1 & 1 & 1 & 1 & 0 & 0 & 0 & 0 \\ 1 & 0 & 1 & 0 & 0 & 0 & 0 & 0 \\ 1 & 1 & 0 & 0 & 0 & 0 & 0 & 0 \\ 1 & 0 & 0 & 0 & 0 & 0 & 0 & 0 \end{pmatrix}$$

と表される．確かに，これは対称になっている．

さて，いよいよ多項式 Halton 列を定義しよう．

定義 4.2.18 b を素数ベキとする．基底 b の**多項式 Halton 列**，$X_n, n = 0, 1, ...,$ を次のように定義する．s 個の基底多項式 $p_1(z), ..., p_s(z)$ はどの二つも互いに素とする．そのとき $n = 0, 1, 2, ...,$ に対して，

$$X_n = \left(\eta^{(1)}\left(\phi_{p_1(z)}(v_n(z))\right), ..., \eta^{(s)}\left(\phi_{p_s(z)}(v_n(z))\right)\right)$$

と定義する．ここで，各座標の $\eta^{(i)}, i = 1, ..., s,$ は $GF(b)$ 上の形式的 Laurent 展開から実数へのマッピングとし，

$$\eta^{(i)}\left(\sum_{l=w}^{\infty} g_l z^{-l}\right) = \sum_{l=w}^{\infty} \lambda_l^{(i)}(g_l) b^{-l}$$

と定義する．また，$\lambda_l^{(i)}$ は次のような全単射

$$\lambda_l^{(i)} : GF(b) \to \{0, 1, ..., b-1\}, \quad i = 1, ..., s; \, l = 1, 2, ...$$

とする．

例 4.2.14 および 4.2.15 を用いて，$GF(2)$ 上の場合で 2 次元の点列

$$X_n = \left(\eta^{(1)}(\phi_z(v_n(z))), \eta^{(2)}(\phi_{z+1}(v_n(z)))\right), \quad n = 0, 1, ..., 7$$

を考えよう．すべての $i = 1, ..., s$ および $l = 1, 2, ...$ について $\lambda_l^{(i)}(0) = 0$ かつ $\lambda_l^{(i)}(1) = 1$ とすると，

$$X_0 = (0, 0),$$
$$X_1 = \left(\frac{1}{2}, 1\right),$$
$$X_2 = \left(\frac{1}{4}, \frac{2}{3}\right),$$
$$X_3 = \left(\frac{3}{4}, \frac{1}{3}\right),$$
$$X_4 = \left(\frac{1}{8}, \frac{4}{5}\right),$$
$$X_5 = \left(\frac{5}{8}, \frac{1}{5}\right),$$
$$X_6 = \left(\frac{3}{8}, \frac{2}{5}\right),$$

$$X_7 = \left(\frac{7}{8}, \frac{3}{5}\right)$$

となる．ここで気が付くのは，第 1 座標の点列 $\eta^{(1)}(\phi_z(v_n(z)), n = 0, 1, ...,$ が，オリジナルの van der Corput 列に一致していることである．

補題 4.2.17 で述べたように多項式 Halton 列は生成行列が対称になることから，"行方向"と"列方向"の入れ換えがきくことになり，結局，次の定理が得られる．

定理 4.2.19 多項式 Halton 列は，一般化 Niederreiter 列の生成行列が対称となるような特殊な部分集合を構成する．

したがって，多項式 Halton 列のディスクレパンシーは double recursion 法により解析できることになり，次の定理が得られる [84]．

定理 4.2.20 基底が b の多項式 Halton 列の先頭 N 点からなる点集合 P_N のディスクレパンシーは，任意の $N > 1$ に対して，

$$D_s^*(P_N) \leq \frac{b^t}{s!}\left(\frac{\lfloor b/2 \rfloor}{\log b}\right)^s \frac{(\log N)^k}{N} + O\left(\frac{(\log N)^{s-1}}{N}\right)$$

を満たす．ここで，$t = \sum_{i=1}^s (e_i - 1)$ および $e_i = \deg(p_i), i = 1, ..., s$，とする．

主要項の定数部分について少し考えよう．t は小さいほど定数部分は小さくなるわけだから，t のとり得る最小値を $T_b(s)$ で表せば，それは $GF(b)$ 上のモニックな既約多項式を次数の小さい順に $p_1(z), ..., p_s(z)$ へ割り当てたときに実現できる．したがって，そのような $p_1(z), ..., p_s(z)$ に対して，$T_b(s) = \sum_{i=1}^s (e_i - 1)$ となることは明らかである．そのとき $s > b$ に対して，

$$T_b(s) < s(\log_b s + \log_b \log_b s + 1)$$

が成り立つことから，定数部分は $O((\log s)^s)$ となる．$b = 2$ の場合が Sobol' 列にほぼ対応している[9]．これは Halton 列の場合 $O(s^s)$ と比べると改良されている．

また $s \leq b$ のときは，$T_b(s) = 0$ が成り立つ．b が最小の素数とすれば，Bertrand の定理 $s \leq b \leq 2s$ より，定数部分は $O((\log s)^{-s})$ となる．この意味は $s \to \infty$ とすると定数部分は 0 に近づくということである．この性質は Faure 列と同じであり，Halton 列および Sobol' 列と比べれば，格段の改良になっている．ただし，s が大きいと b もまた大きくなるという点は見逃せ

---

9) 原始多項式か既約多項式かの違い．

ない．Faure列との違いは次のように述べることができる [96]．

定理 4.2.21 基底 b が s 以上の素数のとき，多項式 Halton 列の生成行列 $C^{(i)}$ は

$$C^{(i)} = \left(P^\top\right)^{i-1} P^{i-1}, \quad i = 1, ..., s$$

と表わすことができる．

4.3 多重基底 (t, e, s) 列とそのディスクレパンシー

4.3.1 多重基底 (t, e, s) 列とは

この節では，これまでに紹介したさまざまな超一様分布列のディスクレパンシー解析を統一的に扱うことができる多重基底 (t, e, s) 列 [93] と呼ばれる構成法を紹介しよう．まずは，多重基底 b の (t, e, s) 列の定義である．以下，$b = (b_1, ..., b_s)$, $t = (t_1, ..., t_s)$, $m = (m_1, ..., m_s)$, $e = (e_1, ..., e_s)$ および $j = (j_1, ..., j_s)$ は整数ベクトルとし，$b_i \geq 2$; $t_i \geq 0$; $m_i \geq 0$; $e_i \geq 1$ かつ $j_i \geq 0, i = 1, ..., s$, を満たすものとする．また，整数ベクトルのベキを $a^b = \prod_{i=1}^s a_i^{b_i}$ のように書くことにする．

定義 4.3.1 多重基底基本区間 E_b とは次の形をした半開区間

$$E_b = \prod_{i=1}^s \left[\frac{a_i}{b_i^{j_i}}, \frac{a_i + 1}{b_i^{j_i}}\right)$$

である．ここで，j_i および $a_i, i = 1, ..., s$, は，$j_i \geq 0$ および $0 \leq a_i < b_i^{j_i}$ を満たす整数である．

多重基底 b の (t, m, e, s) ネットは次のように定義される．

定義 4.3.2 $0 \leq t \leq m$ を整数ベクトルとし，

$$m - t \in M(e) := \{(e_1 j_1, ..., e_s j_s) \mid j_i \geq 0;\ i = 1, ..., s\}$$

を満たすものとする．そのとき，多重基底 b の (t, m, e, s) ネットとは，$[0, 1)^s$ 内の b^m 個の点の集合でかつ体積が b^{t-m} となる任意の多重基底基本区間 E_b がちょうど b^t 個の点を含むものをいう．

そして，多重基底 b の (t, e, s) 列は次のように定義される．

定義 4.3.3 多重基底 b の (t,e,s) 列とは，$[0,1]^s$ 内の無限点列 X_n, $n=0,1,...$, であり，かつすべての整数 $\ell \geq 0$ と，$m-t \in M(e)$ を満たすすべての整数ベクトル m に対して，点集合

$$\{[X_n]_{b,m} \mid \ell b^m \leq n < (\ell+1) b^m\}$$

が多重基底 b の (t,m,e,s) ネットとなるものである．ここで，$[X]_{b,m}$ は X の第 i 座標 $(i=1,...,s)$ を b_i 進 m_i 桁までで切り捨てることを意味する．

注 4.3.4 多重基底 $(b,...,b)$ の (t,e,s) 列を単基底 b の (t,e,s) 列と呼ぶ．ここで，$t=t_1+\cdots+t_s$ である．また，単基底 b の (t,e,s) 列において $e=(1,...,1)$ のときは，基底 b の (t,s) 列と呼ばれている．

次の定理 [90] は重要である．

定理 4.3.5 基底 b の s 次元一般化 Niederreiter 列は，単基底 b の $(0,e,s)$ 列である．ここで，$e_i = \deg(p_i)$, $i=1,...,s$, とする．

以上のことから次のことが言える．

注 4.3.6 一般化 Halton 列は，多重基底 $(b_1,...,b_s)$ の $(0,e,s)$ 列である．ここで，$b_1,...,b_s$ はどの二つも互いに素な正整数とし，$e=(1,...,1)$ とする．

注 4.3.7 Sobol' 列は単基底 $b=2$ の $(0,e,s)$ 列である．ここで，$e_1=1$ であり e_i, $i=2,...,s$, は，すべての $GF(2)$ 上の原始多項式を次数の低い順に並べたときの第 $(i-1)$ 番目の原始多項式の次数に等しい．

注 4.3.8 一般化 Faure 列は単基底 b の $(0,e,s)$ 列である．ここで，$e=(1,...,1)$ であり，b は s 以上の素数とする．

注 4.3.9 多項式 Halton 列は単基底 b の $(0,e,s)$ 列である．ここで，e_i, $i=1,...,s$, は，第 i 座標の基底多項式として用いられる $GF(b)$ 上の既約多項式の次数に等しい．

また，次の結果 [29] も知られている．

注 4.3.10 Xing–Niederreiter 列は単基底 b の (g,e,s) 列である．ここで，g は種数であり，e_i, $i=1,...,s$, は，第 i 座標に用いられるプレースの次数に等しい．

注 4.3.11 Niederreiter–Xing 列は単基底 b の (g,e,s) 列である．ここで，g は有理点を s 個以上もつような代数関数体の種数であり，$e=(1,...,1)$ と

する．

　ひとつ注意しておきたいことは，NiederreiterとXingの方法では，どちらを採用するにしても，種数が1以上のときは，$(0, \boldsymbol{e}, s)$列を構成することができないという点である．$(t, \boldsymbol{e}, s)$列のtの値は非負の整数値をとる一様性の尺度であり，それが小さいほど一様性が高いことを示している．ところが，上の注4.3.10, 4.3.11によれば$t = g$となっている．種数gが大きくなるほど一様性は低くなるのである．$t = 0$が最も一様性が高いので，種数0の場合（有理関数体）に相当する一般化Niederreiter列が最も優れていることになる．

　ここで，重要な点について述べておく必要がある．符号理論における代数関数体の応用（例えばGoppa符号等の代数曲線符号）では，それまでの有理関数体では得られないような優れた誤り訂正能力をもつ符号が構成できることが理論的に示されている．それに対して，この超一様分布列構成における代数関数体の応用では，それまでの有理関数体（一般化Niederreiter列）と比べてみると，一様性という点で優れたものが得られないのである．理論的には興味深い一般化ではあったが，本来の目標である一様性の高い超一様分布列を得るという点で見ると，メリットがない．

4.3.2　ディスクレパンシーの上界

　上で定義した多重基底$(\boldsymbol{t}, \boldsymbol{e}, s)$列のディスクレパンシーがどうなるかは興味ある問題である．ディスクレパンシー解析は，二つの異なるアプローチで行うことができる．一つ目は，van der Corput列のディスクレパンシー解析に用いた考え方をそのまま高次元化して応用するものである．その結果は，高次元積分のTractability理論へ応用することができる．それについては第3部で紹介する．二つ目は今世紀初めにAtanassov[5]により提案されたsigned splitting法である．この手法によりディスクレパンシー上界の主要項の定数部分を大幅に改良することができるので，Great Open Conjectureとの関係で重要となる．どちらのアプローチをとるにしても次の補題は欠かすことのできない重要なものである．それは補題3.2.6を高次元に一般化したもので，多重基底$(\boldsymbol{t}, \boldsymbol{e}, s)$列の一様性について述べている．

補題 4.3.12 $\boldsymbol{b} = (b_1, ..., b_s)$, $\boldsymbol{e} = (e_1, ..., e_s)$, $\boldsymbol{j} = (j_1, ..., j_s)$ を整数ベクトルとする．ただし，それぞれ$b_i \geq 2$, $e_i \geq 1$ かつ $j_i \geq 0$, $i = 1, ..., s$, を満たすものとする．また，Iを次のような部分区間と定義する．

$$I = \prod_{i=1}^{s} \left[\frac{a_i}{b_i^{e_i j_i}}, \frac{c_i}{b_i^{e_i j_i}} \right), \quad 0 \le a_i < c_i \le b_i^{e_i j_i}$$

ここで，a_i および c_i, $i=1,...,s$, は整数とする．以下では，$B = \prod_{i=1}^{s} b_i^{t_i}$ を用いることにする．そのとき，多重基底 $\boldsymbol{b}$ の $(\boldsymbol{t},\boldsymbol{e},s)$ 列の各項を十分大きな桁数で切り捨てて得られる数列の先頭 N 点からなる点集合 P_N は，任意の $N \ge 1$ に対して，

$$\left| \#(I; P_N) - N|I| \right| \le B \prod_{i=1}^{s} (c_i - a_i)$$

を満たす．また，$N \le B \prod_{i=1}^{s} b_i^{e_i j_i}$ ならば，

$$\#(I; P_N) \le B \prod_{i=1}^{s} (c_i - a_i)$$

を満たす．

この補題を用いれば，van der Corput 列のディスクレパンシーの上界（定理 3.2.7）を導いたときのアプローチを高次元に拡張することができるので，結局，次の定理 [93] が得られる．

定理 4.3.13 $\boldsymbol{b} = (b_1,...,b_s)$ を整数ベクトルとし，$b_i \ge 2$, $i=1,...,s$, とする．多重基底 $\boldsymbol{b}$ の $(\boldsymbol{t},\boldsymbol{e},s)$ 列の先頭 N 点からなる点集合 P_N のディスクレパンシーは，任意の $N > 1$ に対して，

$$D_s^*(P_N) \le B \prod_{i=1}^{s} \left(\frac{2b_i^{e_i} - 1}{e_i \log b_i} \right) \frac{(\log N)^s}{N}$$

を満たす．ここで，$B = \prod_{i=1}^{s} b_i^{t_i}$ とする．

この定理から，様々な超一様分布列のディスクレパンシーを導くことができる．

系 4.3.14 一般化 Halton 列の先頭 N 点からなる点集合 P_N のディスクレパンシーは，任意の $N > 1$ に対して，

$$D_s^*(P_N) \le \prod_{i=1}^{s} \left(\frac{2b_i - 1}{\log b_i} \right) \frac{(\log N)^s}{N}$$

を満たす．ここで，$b_1,...,b_s$ はどの二つも互いに素な正整数とする．

この結果を先に述べた Halton 自身の結果（定理 4.2.3）と比べてみると，定

数部分が約 $(2/3)^s$ 倍小さくなっていることが分かる．

系 4.3.15 Sobol' 列の先頭 N 点からなる点集合 P_N のディスクレパンシーは，任意の $N > 1$ に対して，

$$D_s^*(P_N) \leq \prod_{i=1}^{s} \left(\frac{2^{e_i+1} - 1}{e_i \log 2} \right) \frac{(\log N)^s}{N}$$

を満たす．ここで，$e_1 = 1$ であり $e_i, i = 2, ..., s,$ は，すべての $GF(2)$ 上の原始多項式を次数の低い順に並べたときの第 $(i-1)$ 番目の原始多項式の次数に等しい．

系 4.3.16 一般化 Faure 列の先頭 N 点からなる点集合 P_N のディスクレパンシーは，任意の $N > 1$ に対して，

$$D_s^*(P_N) \leq \prod_{i=1}^{s} \left(\frac{2b - 1}{\log b} \right) \frac{(\log N)^s}{N}$$

を満たす．ここで，b は s 以上の素数である．

系 4.3.17 多項式 Halton 列の先頭 N 点からなる点集合 P_N のディスクレパンシーは，任意の $N > 1$ に対して，

$$D_s^*(P_N) \leq \prod_{i=1}^{s} \left(\frac{2b^{e_i} - 1}{e_i \log b} \right) \frac{(\log N)^s}{N}$$

を満たす．ここで，$e_i, i = 1, ..., s,$ は，第 i 座標の基底多項式として用いられる $GF(b)$ 上の既約多項式の次数に等しい．

系 4.3.18 Xing–Niederreiter 列の先頭 N 点からなる点集合 P_N のディスクレパンシーは，任意の $N > 1$ に対して，

$$D_s^*(P_N) \leq b^g \prod_{i=1}^{s} \left(\frac{2b^{e_i} - 1}{e_i \log b} \right) \frac{(\log N)^s}{N}$$

を満たす．ここで，g は種数であり，$e_i, i = 1, ..., s,$ は，第 i 座標に用いられるプレースの次数に等しい．

系 4.3.19 Niederreiter–Xing 列の先頭 N 点からなる点集合 P_N のディスクレパンシーは，任意の $N > 1$ に対して，

$$D_s^*(P_N) \leq b^g \prod_{i=1}^{s} \left(\frac{2b - 1}{\log b} \right) \frac{(\log N)^s}{N}$$

を満たす．ここで，g は有理点を s 個以上もつような代数関数体の種数であり次元 s に依存する．

先にも述べたとおり，これらの結果は第3部で必要となる．

次に，Atanassov の手法 [5] を用いてディスクレパンシーを解析してみよう．この場合の利点は，上界の主要項の定数部分が改善できることである．まず，彼の「符号つき分割 (signed splitting)」について述べる必要がある．その定義は以下のようになっている．

定義 4.3.20 任意の区間 $J \subseteq [0,1]^s$ に対して，J の符号つき分割とは，$[0,1]^s$ 上で定義される任意の有限加法関数 $\xi(J)$ に対して，

$$\xi(J) = \epsilon_1 \xi(I_1) + \cdots + \epsilon_n \xi(I_n)$$

を満たす区間 $I_1, ..., I_n$ の集合である．ここで，符号 $\epsilon_1, ..., \epsilon_n$ はそれぞれ 1 または -1 の値をとるものとする．

Atanassov の最初の補題は次のように述べられる．

補題 4.3.21 $[0,1]^s$ 内の区間を $J = \prod_{i=1}^{s} [0, z^{(i)})$ とする．$n_i \geq 0$, $i = 1, ..., s$, を与えられた整数とし，$z_0^{(i)} = 0, z_{n_i+1} = z^{(i)}$ とする．もし $n_i \geq 1$ ならば，$z_{j_i}^{(i)} \in [0,1], j_i = 1, ..., n_i$, は任意の実数とする．このとき，区間と符号を

$$I(\boldsymbol{j}) = I(j_1, ..., j_s) = \prod_{i=1}^{s} \left[\min\left(z_{j_i}^{(i)}, z_{j_i+1}^{(i)}\right), \max\left(z_{j_i}^{(i)}, z_{j_i+1}^{(i)}\right) \right)$$

$$\epsilon(\boldsymbol{j}) = \epsilon(j_1, ..., j_s) = \prod_{i=1}^{s} \operatorname{sgn}\left(z_{j_i+1}^{(i)} - z_{j_i}^{(i)}\right)$$

と定義すると，集合 $\{ I(j_1, ..., j_s) \mid j_i = 0, 1, ..., n_i \ (1 \leq i \leq s) \}$ は区間 J の符号つき分割になっている[10]．

さらに，整数論でよく知られる事実：

「任意の実数 $\alpha > 1$ に対して $\prod_{i=1}^{s} b_i^{e_i j_i} \leq \alpha$ を満たすような正整数のベクトル $\boldsymbol{j} = (j_1, ..., j_s)$ の総数は，高々

$$\frac{1}{s!} \prod_{i=1}^{s} \frac{\log_{b_i} \alpha}{e_i}$$

となる．」

[10] ここで，記号は
$$\operatorname{sgn}(t) = \begin{cases} -1 & t < 0 \\ 0 & t = 0 \\ 1 & t > 0 \end{cases}$$
の意味である．

を用いて，Atanassov は次の重要な補題を導いた．

補題 4.3.22 $e_1, ..., e_s$ を正整数とし，$\alpha > 1$ を実数とする．また $f_1(e_1), ..., f_s(e_s)$ をある与えられた数とする．そのとき，すべての $i = 1, ..., s$ について，$g_j^{(i)} \geq 0$, $j = 0, 1, ...,$ が $g_0^{(i)} \leq 1$ かつ $g_j^{(i)} \leq f_i(e_i)$, $j = 1, 2, ...,$ を満たすならば，

$$\sum_{\substack{(j_1, ..., j_s) \\ \prod_{i=1}^{s} b_i^{e_i j_i} \leq \alpha}} \prod_{i=1}^{s} g_{j_i}^{(i)} \leq \frac{1}{s!} \prod_{i=1}^{s} \left(f_i(e_i) \frac{\log_{b_i} \alpha}{e_i} + s \right)$$

が成立する．

以上の準備のもとに，ディスクレパンシーの上界を求めることができる．まず，任意の実数 $z \in [0, 1]$ に対して，次のような b 進展開を

$$z = \sum_{j=0}^{\infty} a_j b^{-j}$$

考えることにする．ここで，各 $j \geq 1$ に対して，$|a_0| \leq 1$, $|a_j| \leq \lfloor b/2 \rfloor$ かつ $|a_j| + |a_{j+1}| \leq b - 1$ が成立するようにするのである[11]．そして s 次元単位超立方体内の点の座標 $z^{(i)}, i = 1, ..., s$, については，$z_0^{(i)} = 0$ かつ $z_{n_i+1}^{(i)} = z^{(i)}$ とし，

$$z_k^{(i)} = \sum_{j=0}^{k-1} a_j^{(i)} b_i^{-e_i j}, \qquad k = 1, ..., n_i$$

と決めることにする．ここで，$N \geq B$ として $n_i = \left\lfloor \frac{\log_{b_i}(N/B)}{e_i} \right\rfloor + 1$ とする．すると，局所ディスクレパンシーの加法性から，

$$\#(J; P_N) - N|J| = \sum_{j_1=0}^{n_1} \cdots \sum_{j_s=0}^{n_s} \epsilon(\boldsymbol{j}) \big(\#(I(\boldsymbol{j}); P_N) - N|I(\boldsymbol{j})| \big) = \sum\nolimits_1 + \sum\nolimits_2$$

と書くことができる．ここで，最初の和 $\sum_1$ は $B \prod_{i=1}^{s} b_i^{e_i j_i} \leq N$ を満たす $\boldsymbol{j}$ すべてに関してとるものとし，二つ目の和 $\sum_2$ は残りすべてに関してとるものとする．すると，多重基底 $(\boldsymbol{t}, \boldsymbol{e}, s)$ 列の一様性（補題 4.3.12）と補題 4.3.22 からそれぞれ次の上界をうる．

$$\left| \sum\nolimits_1 \right| \leq \frac{B}{s!} \prod_{i=1}^{s} \left(\frac{\lfloor b_i^{e_i}/2 \rfloor}{e_i} \log_{b_i}(N/B) + s \right)$$

かつ

[11] $j = 0$ から展開が始まることに注意．具体的な計算方法は Atanassov [5] を参照．

$$|\textstyle\sum_2| \leq \sum_{k=0}^{s-1} \frac{Bb_i^{e_{k+1}}}{k!} \prod_{i=1}^{k} \left(\frac{\lfloor b_i^{e_i}/2 \rfloor}{e_i} \log_{b_i}(N/B) + k \right)$$

である．2番目の不等式は $|\sum_2| = O\bigl((\log_b N)^{s-1}\bigr)$ と表せることに注意したい．さらに b_i が偶数の場合には Atanassov のもう一つのアイデア [5] を用いて主要項の定数部分を若干改良できるので，結局次の定理が得られる [92, 93]．

定理 4.3.23 $\boldsymbol{b} = (b_1, ..., b_s)$ を整数ベクトルとし，$b_i \geq 2, i = 1, ..., s$, とする．多重基底 $\boldsymbol{b}$ の $(\boldsymbol{t}, \boldsymbol{e}, s)$ 列の先頭 N 点からなる点集合 P_N のディスクレパンシーは，任意の $N > 1$ に対して，

$$D_s^*(P_N) \leq \frac{B}{s!} \prod_{i=1}^{s} \left(\frac{b_i^{e_i} - 1}{2e_i \log b_i} \right) \frac{(\log N)^s}{N} + O\left(\frac{(\log N)^{s-1}}{N} \right)$$

を満たす．

この定理から次の系を導くことができる．

系 4.3.24 一般化 Halton 列の先頭 N 点からなる点集合 P_N のディスクレパンシーは，任意の $N > 1$ に対して，

$$D_s^*(P_N) \leq \frac{1}{s!} \prod_{i=1}^{s} \left(\frac{b_i - 1}{2 \log b_i} \right) \frac{(\log N)^s}{N} + O\left(\frac{(\log N)^{s-1}}{N} \right)$$

を満たす．ここで，$b_1, ..., b_s$ はどの二つも互いに素な正整数とする．

$b_1, ..., b_s$ に素数を小さい順に割り当てたとき，主要項の定数部分が次元 s に対してどのように振る舞うかを見てみよう．$\pi(x)$ で x 以下の素数の総数を表すことにしよう．すると素数定理に関連して次の結果が知られている．

「十分大きな x に対して $\pi(x) > x/\log x$ が成立する．」

この不等式において $x = b_i - 1$ を代入してみると，$\pi(b_i - 1) = i - 1$ なので i が十分大きければ

$$\frac{b_i - 1}{i \log b_i} \leq \frac{i-1}{i}$$

が成立する．したがって，定数部分は s が十分大きいとき

$$\frac{1}{s!} \prod_{i=1}^{s} \left(\frac{b_i - 1}{2 \log b_i} \right) = \prod_{i=1}^{s} \left(\frac{b_i - 1}{2i \log b_i} \right) = O\left(\frac{1}{s 2^s} \right) \to 0, \quad s \to \infty$$

となることが分かる．この結果は Halton 自身の結果 $O(s^s)$ と比べると劇的

な改良といえる.

系 4.3.25 Sobol' 列の先頭 N 点からなる点集合 P_N のディスクレパンシーは, 任意の $N > 1$ に対して,

$$D_s^*(P_N) \leq \frac{1}{s!} \prod_{i=1}^{s} \left(\frac{2^{e_i} - 1}{2e_i \log 2} \right) \frac{(\log N)^s}{N} + O\left(\frac{(\log N)^{s-1}}{N} \right)$$

を満たす. ここで, $e_1 = 1$ であり, $e_i, i = 2, ..., s$, は, すべての $GF(2)$ 上の原始多項式を次数の低い順に並べたときの第 $(i-1)$ 番目の原始多項式の次数に等しい.

この場合の定数部分は数値計算結果から 0 に収束する $(s \to \infty)$ ことが予想されているが, 数学的な証明はまだなされていない. いずれにしても, 先に述べた double recursion 法の結果 $O((\log s)^s)$ と比べると大幅な改良である.

系 4.3.26 一般化 Faure 列の先頭 N 点からなる点集合 P_N のディスクレパンシーは, 任意の $N > 1$ に対して,

$$D_s^*(P_N) \leq \frac{1}{s!} \prod_{i=1}^{s} \left(\frac{b-1}{2 \log b} \right) \frac{(\log N)^s}{N} + O\left(\frac{(\log N)^{s-1}}{N} \right)$$

を満たす. ここで, b は s 以上の素数である.

b を s 以上最小の素数とすれば $s \leq b \leq 2s$ を満たすことから, 定数部分は double recursion 法の結果 $O((\log s)^{-s})$ と同じになる.

系 4.3.27 多項式 Halton 列の先頭 N 点からなる点集合 P_N のディスクレパンシーは, 任意の $N > 1$ に対して,

$$D_s^*(P_N) \leq \frac{1}{s!} \prod_{i=1}^{s} \left(\frac{b^{e_i} - 1}{2e_i \log b} \right) \frac{(\log N)^s}{N} + O\left(\frac{(\log N)^{s-1}}{N} \right)$$

を満たす. ここで, $e_i, i = 1, ..., s$, は, 第 i 座標の基底多項式として用いられる $GF(b)$ 上の既約多項式の次数に等しい.

基底多項式としてモニックな既約多項式を次数が低いものから順に使っていく場合について詳しく見てみよう. $\pi_b(e)$ で次数 e 以下の $GF(b)$ 上の既約多項式の総数を表すことにすると, $GF(b)$ 上の多項式に関する素数定理 [62] によれば, i が十分大きければ

$$\pi_b(e_i - 1) \geq \frac{b^{e_i}}{e_i}$$

が成立している．ここで，e_i はすべての $GF(b)$ 上既約多項式を次数の低い順に並べたときの第 i 番目の既約多項式の次数である．また定義から $e_i \geq 1$ は $\pi_b(e_i) > i - 1 \geq \pi_b(e_i - 1)$ を満たしている．したがって，$GF(2)$ 上の既約多項式はすべてモニックなので，i が十分大きければ

$$\frac{2^{e_i} - 1}{ie_i} \leq \frac{i-1}{i}$$

が成立するため，

$$\frac{1}{s!} \prod_{i=1}^{s} \frac{2^{e_i} - 1}{2e_i \log 2} = \prod_{i=1}^{s} \frac{2^{e_i} - 1}{2ie_i \log 2} = O\left(\frac{1}{s(2\log 2)^s}\right) \to 0, \quad s \to \infty$$

が言えることになる．この結果は，先に述べた double recursion 法の結果 $O((\log s)^s)$ と比べると劇的な改良になっている．

系 4.3.28 Xing–Niederreiter 列の先頭 N 点からなる点集合 P_N のディスクレパンシーは，任意の $N > 1$ に対して，

$$D_s^*(P_N) \leq \frac{b^g}{s!} \prod_{i=1}^{s} \left(\frac{b^{e_i} - 1}{2e_i \log b}\right) \frac{(\log N)^s}{N} + O\left(\frac{(\log N)^{s-1}}{N}\right)$$

を満たす．ここで，g は種数であり，$e_i, i = 1, ..., s$, は，第 i 座標に用いられるプレースの次数に等しい．

$GF(b)$ 上の代数関数体に関する素数定理として次の結果 [34] が知られている．

$$\pi_b(e) = \frac{b}{b-1} \cdot \frac{b^e}{e} + o\left(\frac{b^e}{e}\right), \quad e \to \infty$$

ここで，$\pi_b(e)$ は次数 e 以下のプレースの総数を表している．右辺に種数 g が表れていないことに注目したい．つまり，定数部分の漸近的振舞いは種数 0（有理関数体）の場合と何ら変わらないことが分かる[12]．先に述べたように，種数を大きくすれば一様性を示す t の値が大きくなっていく（つまり一様性が悪くなっている）ので，代数関数体を用いる実用上のメリットはない．

[12) 種数 0（有理関数体）の場合は，論文 [62] のほうがより精緻な評価を与えている．

系 4.3.29 Niederreiter-Xing 列の先頭 N 点からなる点集合 P_N のディスクレパンシーは，任意の $N > 1$ に対して，

$$D_s^*(P_N) \leq \frac{b^g}{s!} \prod_{i=1}^{s} \left(\frac{b-1}{2 \log b}\right) \frac{(\log N)^s}{N} + O\left(\frac{(\log N)^{s-1}}{N}\right)$$

を満たす．ここで，g は有理点を s 個以上もつような代数関数体の種数であ

り次元 s に依存する．

この場合の定数部分は double recursion 法の結果と同じになる．$GF(b)$ 上の代数関数体の種数 g が大きくなると有理点が $O(g)$ 存在することから，次元 s に対して $g = O(s)$ とできるので，定数部分は漸近的には $O(s^{-s}) \to 0$, $(s \to \infty)$ となる．一般化 Faure 列の結果（系 4.3.26）と比べてみよう．定数部分は Niederreiter–Xing 列のほうが b^g 倍大きいことがわかる．一般化 Faure 列では種数 $g = 0$ であり，次元 s に応じて基底 b が $O(s)$ で変わるのに対し，Niederreiter–Xing 列では基底 b は一定のまま，種数 g が $O(s)$ で変わることになる．

4.4 いくつかの興味深い話題

4.4.1 多項式 Halton–Atanassov 列

Atanassov [5] は，一般化 Halton 列において各座標の順列変換を次のように定義した．$b_1, ..., b_s$ を異なる素数とする．第 i 座標 $(1 \leq i \leq s)$ の順列変換 $\sigma_j^{(i)}, j = 1, 2, ...,$ を，$a \in \{0, 1, ... b_i - 1\}$ に対して

$$\sigma_j^{(i)}(a) = k_i^j a \pmod{b_i}, \quad j = 1, 2, ...$$

と定義する．ここで，整数 $k_1, ..., k_s$ は与えられた $b_1, ..., b_s$ に対して次の性質を満たすとする．

性質 4.4.1 $b_i \nmid k_i, i = 1, ..., s,$ である．さらに $b_i \nmid d_i, i = 1, ..., s,$ であるようなどのような整数の組 $(d_1, ..., d_s)$ に対しても

$$k_i^{\alpha_i} \prod_{\substack{1 \leq j \leq s \\ j \neq i}} b_j^{\alpha_j} = d_i \pmod{b_i}$$

を満たす整数の組 $(\alpha_1, ..., \alpha_s)$ が存在する．

この一般化 Halton 列を以下 **Halton–Atanassov** 列と呼ぶことにしよう．Atanassov は，任意の異なる素数 $b_1, ..., b_s$ に対して上の性質を満たす $k_1, ..., k_s$ が常に存在することを示し，signed splitting 法を一層深めることにより次の結果を得た．

定理 4.4.2 Halton–Atanassov 列の先頭 N 点からなる点集合 P_N のディス

クレパンシーは，任意の $N > 1$ に対して，

$$D_s^*(P_N) \leq \frac{1}{s!} \left(\sum_{i=1}^s \log b_i \right) \prod_{i=1}^s \left(\frac{b_i(1 + \log b_i)}{(b_i - 1) \log b_i} \right) \frac{(\log N)^s}{N} + O\left(\frac{(\log N)^{s-1}}{N} \right) \tag{4.5}$$

を満たす．ここで，$b_1, ..., b_s$ は異なる素数とする．

この結果は，先に示された一般化 Halton 列に対する結果（系 4.3.24）よりも大きく改良されている．$b_1, ..., b_s$ に素数を小さい順に割り当てたとき，上界 (4.5) における主要項の定数部分が次元 s に対してどのように振る舞うかを見てみると，素数定理 $b_i = O(i \log i)$ から，定数部分が漸近的に $O(s^{-s}) \to 0$, $(s \to \infty)$ となることが分かる．Faure と Lemieux [18] は，今日知られている様々な超一様分布列のディスクレパンシー上界の主要項の定数部分を数値的に計算しそれらを比較した結果，この Halton–Atanassov 列の定数部分が最も小さいことを報告している．

Halton–Atanassov 列の多項式版を考えることは興味深い話題の一つである．話をわかりやすくするために 1 次元で考えよう．まず，多項式順列変換が必要になる．1 次元なので，一般化 van der Corput 列の多項式版とみなすことができる．次数が e 未満の $GF(b)$ 上の多項式すべてからなる集合を考えると，多項式順列変換とはその集合の元の順列ということになる．また，$GF(b)$ 上の生成行列を $C = (c_{ij})$ で表すことにする．整数 $l \geq 1$ と $m \geq 1$ に対して，行ベクトルを

$$\boldsymbol{c}_m(l) = (c_{m1}, ..., c_{ml}) \in GF(b)^l$$

と表し，その集合を

$$C(d; l) = \{ \boldsymbol{c}_m(l) \mid 1 \leq m \leq d \}$$

と表すことにする．

$\rho(C; l)$ を $C(d; l)$ が $GF(b)$ 上で線形独立となる最大の整数 d と定義する．ここで，もし $\boldsymbol{c}_1(l)$ がゼロベクトルのときは $\rho(C; l) = 0$ と定義しておく．さらに，

$$\tau(C; e) = \max_{1 \leq l \leq e} (l - \rho(C; l))$$

と定義する[13]．また，$GF(b)$ 上の形式的 Laurent 展開

---

[13] ここで，生成行列 C は左上 $e \times e$ 部分行列が与えられれば十分であることに注意したい．

$$S(z) = \sum_{j=1}^{\infty} x_j z^{-j}$$

を考え，その係数から構成される $e \times e$ の Hankel 行列 $H_e(S)$ を

$$H_e(S) = \begin{pmatrix} x_1 & x_2 & x_3 & \cdots & x_e \\ x_2 & x_3 & x_4 & \cdots & x_{e+1} \\ & \cdots & \cdots & \cdots & \\ & \cdots & \cdots & \cdots & \\ x_{e-1} & x_e & x_{e+1} & \cdots & x_{2e-2} \\ x_e & x_{e+1} & x_{e+2} & \cdots & x_{2e-1} \end{pmatrix}$$

と定義する．すると，次の定理が得られている [91]．

定理 4.4.3 $p(z)$ を $GF(b)$ 上の多項式とし，$e = \deg(p)$ とする．また，$q_j(z), j = 1, 2, ...,$ は $GF(b)$ 上の多項式で $p(z)$ とは互いに素であるとする．そのとき，次数が e 未満の任意の多項式 $f(z)$ に対して多項式順列変換が

$$\sigma_j(f(z)) = q_j(z)f(z) \pmod{p(z)}$$

で与えられるならば，それによって得られる一般化 van der Corput 列の多項式版は基底 b の $(t, 1)$ 列となる．ここで，$t = \max_{j \geq 0} \tau(H_e(q_j/p); e)$ であり t の値は最良となる．

多項式 Halton–Atanassov 列の多項式順列変換は，$p(z)$ を $GF(b)$ 上の既約多項式として

$$\sigma_j(f(z)) = k(z)^j f(z) \pmod{p(z)}, \quad j = 1, 2, ... \quad (4.6)$$

という形をしている．ここで，$k(z)$ は $\pmod{p(z)}$ における原始元とする[14]．このとき，フェルマーの小定理の多項式版：

「$T = b^{\deg(p)} - 1$ とするとき，任意の $k(z) \neq 0 \pmod{p(z)}$ に対して $k(z)^T = 1 \pmod{p(z)}$ が成立する．」

を使えば，定理 4.4.3 において $q_j(z) = 1$ は恒等変換を意味することから，次の結果が得られる．

系 4.4.4 基底 b の多項式 Halton–Atanassov 列の第 i 座標 $(1 \leq i \leq s)$ の 1 次元数列は，基底 b の $(e_i - 1, 1)$ 列であり，$t = e_i - 1$ は最良となる．ここで

[14] 性質 4.4.1 の多項式版において 1 次元の場合を考えればよい．

$e_i = \deg(p_i)$ とする.

また, $(t, e, 1)$ 列の観点からは次の結果が得られる.

系 4.4.5 基底 b の多項式 Halton–Atanassov 列の第 i 座標 $(1 \leq i \leq s)$ の 1 次元数列は, 基底 b の $(0, e_i, 1)$ 列となる. ここで $e_i = \deg(p_i)$ とする.

多項式 Halton 列は, 多項式順列変換をすべて恒等変換としたものに対応するので, 上の結果と同じものが得られる. つまり, 各座標の 1 次元数列を一様性のパラメーター t という観点で比較すれば, 多項式順列変換を導入する利点はない.

Sobol' 列が, 実用的な応用において非常にいい結果を与えている一つの大きな理由として考えられているのが, 各座標の 1 次元数列が $(0, 1)$ 列になっているという性質である. その観点から考えると, 多項式 Halton–Atanassov 列では, 高次元の場合 $e_i = \deg(p_i)$ が大きくなり, 高次元座標の 1 次元数列は $(e_i - 1, 1)$ 列になることから, $(0, 1)$ 列 (例えば van der Corput 列) のもつ高い一様性と比べるとかなり悪くなってしまう. したがって, 系 4.4.4, 4.4.5 の結果は実用的な観点からはあまり好ましくない.

いずれにしても, 多項式 Halton–Atanassov 列のディスクレパンシーが, オリジナルの Halton–Atanassov 列と同じような手法で解析できるかどうかは現時点ではわかっておらず, もしそれができるとして主要項の定数部分がどのくらい小さくなるのかは大変興味深い問題である.

4.4.2 多項式 Halton–Fibonacci 列

一般化 Halton 列の多項式版を考えるときの多項式順列変換のもう一つの例として Fibonacci 多項式を用いるものがあるのでそれについて説明しよう. この場合は基底多項式として Fibonacci 多項式を用いることになる[15]. これを多項式 Halton–Fibonacci 列と呼ぶことにする. まず, Fibonacci 多項式の定義が必要である.

定義 4.4.6 任意の整数 $n \geq 1$ に対し $GF(b)$ 上の n 次多項式を $F_n(z)$ で表すとき, 各多項式 $F_n(z)$ に対し, つねに n 個の $GF(b)$ 上 1 次多項式 $g_1(z), ..., g_n(z)$ が存在して

$$F_k(z) = g_k(z) F_{k-1}(z) + F_{k-2}(z), \quad k = 1, ..., n$$

[15] 基底多項式はどの二つをとっても互いに素であることを仮定する.

なる漸化式を満たすとき，$F_n(z)$ は $GF(b)$ 上の n 次 **Fibonacci 多項式**と呼ばれる．ここで $F_{-1}(z) = 0$ かつ $F_0(z) = 1$ とする．

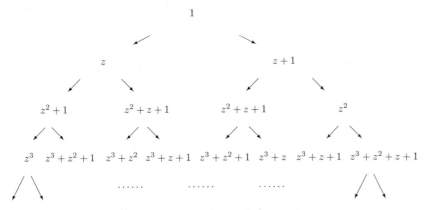

図 4.1　$GF(2)$ 上の Fibonacci 多項式による木

次の補題は重要である [35]．

補題 4.4.7　$p(z)$ と $q(z)$ を互いに素な $GF(b)$ 上の多項式とし，$\deg(q) < \deg(p)$ とする．また，$q(z)/p(z)$ の連分数展開における部分商を $g_1(z)$, ..., $g_K(z)$ とする（すなわち，

$$\frac{q(z)}{p(z)} = \cfrac{1}{g_1(z) + \cfrac{1}{g_2(z) + \cfrac{1}{\ddots + \cfrac{1}{g_K(z)}}}}$$

とする）．このとき，$d_0 = 0$ かつ $d_k = \sum_{i=1}^{k} \deg(g_i)$, $k = 1, ..., K$, とすれば

$$\rho(H_\infty(q/p); l) = \begin{cases} d_k & \text{ある } 0 \leq k < K \text{ に対して } d_k \leq l < d_{k+1} \text{ ならば} \\ d_K & \text{その他} \end{cases}$$

が成立する[16]．

この補題は次のことを意味している．多項式の対 $(q(z), p(z))$ に対して，も

[16] $d_K = \deg(p)$ が成立することに注意．

し $q(z)/p(z)$ の連分数展開における部分商の次数がすべて 1 となるならば $\tau(H_e(q/p); e) = 0$ となるのである．ここで $e = \deg(p)$ とする．

基底多項式を Fibonacci 多項式 $F_n(z)$ とする一般化 van der Corput 列の多項式版を考えよう．ここで，多項式順列変換は j の値に依存せず同じ変換

$$\sigma_j(f(z)) = F_{n-1}(z)f(z) \pmod{F_n(z)}, \quad j = 1, 2, \ldots$$

を用いることにする．するとこれにより得られる一般化 van der Corput 列の多項式版の生成行列は，適当な行と列の掃き出し計算をすることで

$$C = \begin{pmatrix} W_0 & O & O & \ldots \\ O & W_1 & O & \ldots \\ O & O & W_2 & \ldots \\ \vdots & \vdots & \vdots & \ddots \end{pmatrix} \tag{4.7}$$

と表されることが知られている [91]．ここで，対角成分である $n \times n$ 行列は

$$W_k = L_k H_n(F_{n-1}/F_n) U_k, \quad k = 0, 1, \ldots$$

となっている．L_k と U_k はそれぞれ下三角および上三角の $n \times n$ 正則行列である．また，上に述べたように $\tau(H_n(F_{n-1}/F_n); n) = 0$ が成立することから，次の結果が得られる．

系 4.4.8 基底 b の多項式 Halton–Fibonacci 列の各座標の 1 次元数列は，すべて基底 b の $(0,1)$ 列となる．

また，$(t, e, 1)$ 列の観点からは次の結果が得られる．

系 4.4.9 基底 b の多項式 Halton–Fibonacci 列の各座標の 1 次元数列は，すべて基底 b の $(0,1,1)$ 列となる．

容易にわかるように，基底多項式 $F_n(z)$ の次数は n なので，各座標の 1 次元数列は基底 b の $(n-1, 1)$ 列かつ $(0, n, 1)$ 列になっている．しかし，この場合の t の値は最良ではない．これが $(0,1)$ 列かつ $(0,1,1)$ 列になる理由は $F_{n-1}(z)/F_n(z)$ の連分数展開の部分商の次数が 1 になるという事実が使えるからである．

Mesirov と Sweet [50] によれば $GF(2)$ 上の既約多項式はすべて Fibonacci 多項式になるので，基底 $b = 2$ の多項式 Halton–Fibonacci 列の各座標の 1 次元数列を基底 $b = 2$ の $(0,1)$ 列とすることができる．この事実は，先に述べ

た Sobol' 列の実用上重要な性質を基底 $b=2$ の多項式 Halton–Fibonacci 列も持っていることを示している．しかし，2 次元以上では，基底 $b=2$ の多項式 Halton–Fibonacci 列のディスクレパンシー上界は多項式 Halton 列と同じものしか得られていない．その理由は，単基底 $b=2$ の (t,e,s) 列としての e の値を基底多項式の次数にとっていることに起因する．この値を上に述べた 1 次元の場合のように別の小さい値で置き換えることができればディスクレパンシー上界の主要項の定数部分を改良することができる．

4.4.3 多項式 Kronecker 列

Weyl 列を高次元に一般化したものを **Kronecker 列** と呼んでいる．具体的には，有理数体上線形独立な s 個の無理数 $\alpha_1,...,\alpha_s$ をとり，

$$(\{n\alpha_1\},...,\{n\alpha_s\}), \quad n=0,1,...$$

とするのである．パラメーター $(\alpha_1,...,\alpha_s)$ を一つ決めれば，Kronecker 列が一意に決まることになる．したがって，そのディスクレパンシーはパラメーターのとり方で変わっていくことになる．1994 年，Beck [7] が Kronecker 列のディスクレパンシーについて次の定理を証明した．

定理 4.4.10 ほとんどすべての Kronecker 列は，その先頭 N 点からなる点集合 P_N のディスクレパンシーが，

$$D_s^*(P_N) = \Omega\left(\frac{(\log N)^s \log\log N}{N}\right)$$

を満たす．

重要なことは，$\log\log N$ の項があるために，ほとんどすべての Kronecker 列は超一様分布列とはならない点である．

最近，Larcher と Pillichshammer [36] は，多項式 Kronecker 列に対して，Beck の定理と同様の結果を証明した．まず，多項式 Kronecker 列の定義を述べる必要がある．以下，記号 $\{S(z)\}$ は $S(z)$ の浮動小数部分つまり，$S(z)-[S(z)]$ を表すことにする．

定義 4.4.11 $S_1(z),...,S_s(z)$ を $GF\{b,z\}$ の元とするとき，$n=0,1,...$ に対して，

$$X_n = \left(\eta^{(1)}(\{S_1(z)v_n(z)\}),...,\eta^{(s)}(\{S_s(z)v_n(z)\})\right)$$

を**多項式 Kronecker 列**と呼ぶ．

この定義は生成行列を使って表現することもできる．多項式 Kronecker 列の第 i 座標 $(1 \leq i \leq s)$ の生成行列は Hankel 行列を使って

$$C^{(i)} = H_\infty(S_i) = \begin{pmatrix} x_1^{(i)} & x_2^{(i)} & x_3^{(i)} & \cdots \\ x_2^{(i)} & x_3^{(i)} & x_4^{(i)} & \cdots \\ x_3^{(i)} & x_4^{(i)} & x_5^{(i)} & \cdots \\ \cdots & \cdots & \cdots & \cdots \end{pmatrix}$$

と表される．ここで，$i = 1, ..., s$ に対して，

$$\{S_i(z)\} = \sum_{j=1}^\infty x_j^{(i)} z^{-j}$$

とする．

多項式 Kronecker 列が一様分布するための必要十分条件が知られている [35]．それを述べる前に，線形独立性を定義する必要がある．

定義 4.4.12 $GF\{b, z\}$ の s 個の元 $S_1(z), ..., S_s(z)$ を考える．$GF(b)$ 上の多項式 $f_0(z), f_1(z), ..., f_s(z)$ に対して

$$f_0(z) + f_1(z)S_1(z) + \cdots + f_s(z)S_s(z) = 0$$

が成立するためには

$$f_0(z) = f_1(z) = \cdots = f_s(z) = 0$$

しかないとき，$S_1(z), ..., S_s(z)$ は，$GF(b)$ 上の多項式に関して**線形独立**であるという．

定理 4.4.13 多項式 Kronecker 列 $X_n, n = 0, 1, ...$，が $[0, 1]^s$ 内で一様分布するための必要十分条件は，$S_1(z), ..., S_s(z)$ が $GF(b)$ 上の多項式に関して線形独立となることである．

Larcher と Pillichshammer の定理は以下のようになる．

定理 4.4.14 ほとんどすべての多項式 Kronecker 列は，その先頭 N 点からなる点集合 P_N のディスクレパンシーが，

$$D_s^*(P_N) = \Omega\left(\frac{(\log N)^s \log \log N}{N}\right)$$

を満たす.

つまり，ほとんどすべての多項式 Kronecker 列は超一様分布列とはならないのである.

前の節で取り上げた多項式 Halton–Fibonacci 列と多項式 Kronecker 列の間の興味深い関係について以下に述べておこう．まず，$S(z) \in GF\{b, z\}$ は次のように連分数展開できることから説明しよう．

$$S(z) = A_0(z) + \cfrac{1}{A_1(z) + \cfrac{1}{A_2(z) + \cfrac{1}{\ddots}}}$$

ここで $A_j(z), (j \geq 0)$ は多項式で $\deg(A_j(z)) \geq 1, j \geq 1$, とする．この展開は有理 (rational) な $S(z)$ に対しては有限であり，無理 (irrational) な $S(z)$ に対しては無限になることが知られている．多項式 $A_j(z), j \geq 0$, は次の漸化式により次々に得ることができる．

$$A_0(z) = [S(z)] \quad \text{および} \quad B_0(z) = S(z) - [S(z)]$$

$$A_j(z) = \left[\frac{1}{B_{j-1}(z)}\right] \quad \text{および} \quad B_j(z) = \frac{1}{B_{j-1}(z)} - A_j(z), \quad j \geq 1$$

この手続きは $B_j(z) \neq 0$ である限り続けることにする.

もし，連分数展開が $A_j(z)$ で終了したとすると，$S(z)$ は有理関数 $P_j(z)/Q_j(z)$ に等しくなる．ここで，多項式 $P_j(z)$ および $Q_j(z)$ は再帰的に $j \geq 1$ に対し

$$P_{-1}(z) = 1, \; P_0(z) = A_0(z), \; P_j(z) = A_j(z)P_{j-1}(z) + P_{j-2}(z)$$

$$Q_{-1}(z) = 0, \; Q_0(z) = 1, \; Q_j(z) = A_j(z)Q_{j-1}(z) + Q_{j-2}(z)$$

を用いて計算できる．そして $j \geq 1$ に対し

$$\deg(Q_j(z)) = \sum_{k=1}^{j} \deg(A_k(z))$$

が成立している．

以上の準備の下，Baum と Sweet [6] の重要な定理について述べよう．

定理 4.4.15 $S(z) = \sum_{j=1}^{\infty} x_j z^{-j}$ を $GF\{2, z\}$ の元とする．このとき，$S(z)$ が無理 (irrational) で，かつその連分数展開

$$S(z) = \cfrac{1}{A_1(z) + \cfrac{1}{A_2(z) + \cfrac{1}{\ddots}}}$$

における部分商 $A_1(z), A_2(z), ...,$ の次数がすべて 1 になるための必要十分条件は，係数 $x_1, x_2, ...$ が

$$x_{2j+1} = x_{2j} + x_j \pmod{2}, \quad j = 1, 2, ... \tag{4.8}$$

かつ $x_1 = 1$ を満たすことである．

容易にわかるように，Fibonacci 多項式の対 $(F_{n-1}(z), F_n(z))$ は上の定理を満たす $S(z)$ の連分数展開における近似分数 $F_{n-1}(z)/F_n(z), n = 1, 2, ...,$ に対応している．また，上の定理を Hankel 行列で表現すると，次のように述べることができる．

定理 4.4.16 $S(z) = \sum_{j=1}^{\infty} x_j z^{-j}$ を $GF\{2, z\}$ の元とする．Hankel 行列 $H_e(S)$ がすべての $e = 1, 2, ...$ に対して正則になるための必要十分条件は，係数 $x_1, x_2, \cdots$ が

$$x_{2j+1} = x_{2j} + x_j \pmod{2}, \quad j = 1, 2, ... \tag{4.9}$$

かつ $x_1 = 1$ を満たすことである．

上の定理により得られた 2 値 (0 または 1) の無限列 $x_1, x_2, ...$ は **Baum–Sweet 列**と呼ばれている．ここで注意すべきことは，この無限列の偶数項 $x_{2j}, j = 1, 2, ...,$ は任意に決めることができる点であり，どのように選んでも上の 2 つの定理 4.4.15, 4.4.16 は満たされる．したがって Baum-Sweet 列は無限の自由度を持っていることになる．例えば先頭 $2n$ 点からなる Baum-Sweet 列 $x_1, x_2, ..., x_{2n}$ は全部で 2^n 通り存在している．ここで Baum-Sweet 列を使って次のような集合を定義しよう．

$$\mathcal{B} = \left\{ \sum_{j=1}^{\infty} x_j z^{-j} \in GF\{2, z\} \ \middle| \ x_1 = 1,\ x_{2j+1} = x_{2j} + x_j\ (j \geq 1) \right\}$$

次の予想は，Larcher と Pillichshammer の定理に対する例外と呼べるもの

である.

予想 4.4.17 任意の次元 $s \geq 2$ に対して，$S_1(z), ..., S_s(z) \in \mathcal{B}$ をパラメータとする基底 $b = 2$ の多項式 Kronecker 列のなかには超一様分布列が存在する．

上の二つの定理から 1 次元の場合は基底 $b = 2$ の $(0,1)$ 列が得られるので，超一様分布列が存在することは明らかである．前節でも述べたとおり，基底 $b = 2$ の多項式 Halton–Fibonacci 列は s 個の基底多項式の次数がいくら大きくても有限であれば超一様分布列になっている．基底 $b = 2$ の多項式 Kronecker 列との違いは次数が無限になるかどうかである．

最後に，オリジナルの Kronecker 列に対する同様の予想を述べておこう．これは，2 次無理数はその連分数展開における部分商が有界であることに基づいている．

予想 4.4.18 任意の次元 $s \geq 2$ に対して，2 次無理数 $\alpha_1, ..., \alpha_s$ をパラメータとする Kronecker 列のなかには超一様分布列が存在する[17]．

これが証明できれば，Beck の定理に対する例外ということになる．

[17] $p_i, i = 1, ..., s,$ を i 番目に小さい素数として，$\alpha_i = \sqrt{p_i}$ とおいたものは **Richtmyer** 列と呼ばれており，実用性が高いことで知られている．

4.4.4 下界に関する話題

一様分布論という分野は Weyl の論文 [109] が発表された 1916 年に誕生したといわれている．ちょうどその 100 周年にあたる 2016 年に入って，Levin が画期的な論文 [39–42] を発表した．彼が証明したことは現在知られている多くの超一様分布列のディスクレパンシーの下界が Great Open Conjecture と同じオーダーになるというものである．具体的には，次の超一様分布列について最良の下界が証明された．

- Halton 列および一般化 Halton 列
- 一般化 Niederreiter 列
- Xing–Niederreiter 列
- Niederreiter–Özbudak ネット
- Halton-type 列
- Niederreiter–Xing 列
- 一般の d-admissible (t, s) 列

彼は，d-admissible (t, s) 列という (t, s) 列の特別なクラスを定義し，そのク

ラスに対してディスクレパンシーの下界が $\Omega((\log N)^s/N)$ になるということをまず証明し，上にあげた第 1 項の Halton 列以外はすべてその d-admissible (t,s) 列であることを証明したのである．Halton 列は (t,s) 列ではないので下界の証明は別扱いになっている．もし，d-admissible 多重基底 $(\boldsymbol{t},\boldsymbol{e},s)$ 列なるものをうまく定義できれば上にあげた超一様分布列すべての下界が統一的に扱えることになる．いずれにしても，現在知られているほとんどの超一様分布列に対して最良な下界が証明されたわけなので，彼の仕事は Great Open Conjecture 解決へ向けてのきわめて大きな前進である．

　Kronecker 列および多項式 Kronecker 列のほとんどすべてのものに関しては，すでに述べたとおり下界は求まっているが，重要なのは例外的な "測度 0" の部分である．1 次元ではこの部分に超一様分布列が存在するので，2 次元以上でも同様な可能性が高い．もし存在するならば，最良な下界がどうなるかは興味深い問題である．

第 III 部

IBC と高次元積分

5 金融計算と高次元積分

科学技術計算の分野において，数値積分の占める割合は非常に大きい．低次元（5,6次元以下）では，プロダクトルール，Smolyakの公式などのいろいろ工夫された計算アルゴリズムがあり，その誤差についても，被積分関数の滑らかさに応じて解析がなされている．しかし，次元が高くなると「次元の呪い」のために低次元で有効なアルゴリズムがその有効性を失ってしまうため，最後の手段 (last resort) としての「モンテカルロ法」が広く用いられている．ただ，モンテカルロ法は，誤差がサンプル数の平方根に反比例するため，収束が遅い．具体的には，1桁精度を上げようとすれば，さらに100倍の計算時間が必要になるのである．そのため，60年代すでに，このモンテカルロ法の問題点を克服するため第2部で述べた超一様分布列[1]を用いる試みがなされていた．特に，旧ソビエトにおいて水爆開発に必要となるモンテカルロ計算の高速化にこの超一様分布列が使われていたことは専門家の間ではよく知られている．ところが，そのころの実験結果などから導かれた結論は，高次元（50次元以上）の数値積分計算では，超一様分布列は有効ではないということだった．文献によっては，せいぜい10次元ぐらいでその有効性はなくなるとしたものまであった．しかし，90年代初め，特に金融工学に関連した高次元数値積分の計算が実用上重要になり，その高速化が不可欠 (Time is Money) なことから，高次元数値積分高速化の研究が米国において集中的におこなわれ，その結果，非常に高い次元（場合によっては1000次元以上）でも問題によっては，超一様分布列による高速化が可能になることがわかった．しかし，その結果はそれまでの常識および高次元に対する直観に大きく反していることから，その後今日まで20年近く，金融計算問題のどういう性質がそのような高速化に結びついたのかを解明する研究が続けられてきている [101, 111]．

本章では初めに，金融工学，特にデリバティブ（金融派生商品）の価格計算について，その高次元積分との関わりについて述べる．特にデリバティブ

[1] 当時はまだ，準乱数 (quasi-random numbers) と呼ばれていた.

のなかでも，取引量が巨大でかつ商品としても複雑なものとして知られている MBS (mortgage-backed securities) という住宅ローン債権を担保として発行される証券の価格計算にあたっては，360次元という非常に高次元の数値積分が必要になることを述べる．ちなみに2008年のリーマンショックが，このMBSというデリバティブの取引が引き金になったことはいまだ記憶に新しい．

続いて，高次元数値積分と「次元の呪い」についてその意味を説明する．具体的な高次元数値積分アルゴリズムとしてプロダクトルールとSmolyakの公式について紹介し，その誤差評価について述べ，それらのアルゴリズムが「次元の呪い」を受けることを示す．そして有名なBakhavalovの定理を紹介し，「次元の呪い」を解く方法の一つとしてモンテカルロ法について述べる．しかし，現実にはモンテカルロ法ではまだ計算時間の点で十分満足できるほどにはならず，さらなる高速化をはかるためにデランダマイゼーションを応用するという考え方，すなわち第2部で説明した超一様分布列を応用するというアプローチが研究されており，その理論的根拠となるKoksma–Hlawkaの定理について紹介する．

その後，高次元積分に対する最適アルゴリズムについて取り上げる．計算機科学の一分野として，連続問題に対するアルゴリズムの計算複雑性を研究する分野がある．この分野は，Information-based complexity (IBC) という名前で呼ばれ，おもなテーマは常・偏微分方程式，多重積分，経路積分，非線形方程式，近似問題，積分方程式，最適化問題などの連続量を扱う問題の解を，ある与えられた誤差（あるいは精度）εの範囲内で解くために最低必要となる計算時間（計算機科学では計算複雑性 (computational complexity) と呼んでいる）を決定することである．この場合，計算複雑性は問題のサイズ（次元）および誤差εの関数として表わされる．近似解を求めることを前提にしている点が離散問題の場合との大きな違いである．そして，この分野の重要な成果の一つが「高次元積分のための最適アルゴリズム」なのである．超一様分布列が高次元積分に対する（平均的な意味でのほぼ）最適なアルゴリズムとなることが理論的に示されているのでそれについて述べ，さらに，その一つの応用例としてMBS価格計算に超一様分布列を適用した結果を示す．そこではわずか数千というサンプル数でみても，モンテカルロ法と比較すると著しい高速化が得られている．最後に，Koksma–Hlawkaの定理の一般化という最近活発に研究されている話題を紹介する．

5.1 デリバティブの価格計算

この節では，先にも述べたが，デリバティブの中でも取引額が大きく，また計算問題としても難しいことで知られる MBS を例にとってさらに詳しく説明しよう．この場合は 360 次元の積分を計算することが必要になる．前にも述べたことだが，90 年代この積分計算の高速化がきっかけになって超一様分布列の研究が急速に盛んになっていった．

MBS の話に入る前に，その元になる住宅ローンについておさらいしておこう．まず，肝心の毎月の返済額というのはどのようにして決まるのだろうか？ それについて考えよう．ここでは，もっとも標準的な固定金利の 30 年ローンを元利均等方式で返済する場合を考える．具体的に，2000 万円を金利（年率）3% の 30 年ローンで借りたとしよう．その場合毎月いくら返済すればいいのか？ が問題である．簡単のためボーナス返済はなしとする．まず，1ヵ月後を考える．月当りの利率は 3/12=0.25% なので，2000 万円の 0.25%，つまり 5 万円の利子が発生する．毎月の返済額を C 円とすれば，

$$1\text{ヵ月後の元本残高：} B_1 = 20000000 \times (1+0.0025) - C$$

となる．2ヵ月後はどうか？

$$2\text{ヵ月後の元本残高：} B_2 = B_1 \times (1+0.0025) - C$$

となる．これを続けていって，30 年（360ヵ月）でちょうど返済するには

$$360\text{ヵ月後の元本残高：} B_{360} = B_{359} \times (1+0.0025) - C = 0$$

でなければならない．代入を繰り返して B_{359} を B_1 で置き換えると結局

$$20000000 \times (1+0.0025)^{360} - C \times (1+0.0025)^{359} - \cdots - C = 0$$

となる．さらに，この式は書き直すと

$$20000000 = \frac{C}{1+0.0025} + \frac{C}{(1+0.0025)^2} + \cdots + \frac{C}{(1+0.0025)^{360}}$$

と表すことができる．さてこの式をよく見ると左辺は現在のキャッシュフロー 2000 万円であり，右辺は将来のキャッシュフローである毎月の返済額 C を住宅ローン金利で割り引いてすべてを足し上げたものになっている．現在と将来のキャッシュフローを結びつける「現在価値の公式」と呼ばれるものである．

MBS は住宅ローン債権を証券化したもので，最初の MBS は 1970 年に米国の Ginnie Mae (Government National Mortgage Association) によって発行され，現在この市場における残高は米国債の市場に匹敵する巨大な規模に

なっている．2008年のリーマンショックは別名 "MBS Crisis" ともいわれ，サブプライムローン（返済能力の低い住宅購入者に対する貸付）の不良債権化がその主要な原因であった．

MBS の価格計算問題を，「パススルー証券」と呼ばれる最も単純な証券で説明しよう．ここで考えるのは，貸し出し金利 r_0 の元利均等方式による 30 年の住宅ローンで，毎月の返済額を C とする．そして，各 $k = 1, 2, ..., 360$ に対して，

r_k：第 k 月目の金利（月率）

w_k：第 k 月目に（全額）期限前償還が起きる確率

$B_k = C(1 + 1/(1 + r_0) + \cdots + 1/(1 + r_0)^{360-k})$：第 k 月目の元本残高

と定義しよう．

また，金利 r_k は Black モデル，すなわち $k = 1, 2, ..., 360$ に対して，

$$r_k = K_0 \exp(\sigma z_k) r_{k-1}$$

に従うものとする．ここで K_0 は定数とし，$z_k, k = 1, 2, ..., 360$, は独立な標準正規分布に従うと仮定する．また σ は「ボラティリティ」と呼ばれるパラメーターである．

期限前償還の確率 $w_k, k = 1, 2, ..., 360$, は，ここでは，金利 $r_k, k = 1, 2, ..., 360$, のみに依存すると考える．具体的には

$$w_k = K_1 + K_2 \arctan(K_3 r_k + K_4)$$

のようにモデル化する．ここで，K_1, K_2, K_3 および K_4 は定数項であり，金利が低ければ期限前償還が増え，金利が高くなるにつれて減少するように決められている．

さて，このような仮定をすると第 k ヵ月目のキャッシュフローは

$$M_k(r_1, ..., r_k) = (1 - w_1) \cdots (1 - w_{k-1})(C(1 - w_k) + B_k w_k)$$

と表せる．すると将来 30 年間（360 ヵ月）にわたって生じるキャッシュフローの現在価値は，割引率を掛けて，

$$P(r_1, ..., r_{360}) = \sum_{k=1}^{360} \frac{M_k(r_1, ..., r_k)}{\prod_{i=0}^{k-1}(1 + r_i)} \tag{5.1}$$

と表すことができる．金利 $r_1, ..., r_{360}$ が確率変数 $z_1, ..., z_{360}$ の関数であることから，最終的に求めたいものは次のような期待値となる．

$$\mathbb{E}[P] = \frac{1}{(2\pi)^{180}} \int_{\mathbb{R}^{360}} P(z_1,...,z_{360}) \exp\left(-\frac{z_1^2 + \cdots + z_{360}^2}{2}\right) dz_1 \cdots dz_{360}$$

つまり，360 次元の積分を計算するのである[2]．

ここで紹介したパススルー証券は MBS の中でも最も単純なものである．その他に，CMO (Collateralized Mortgage Obligation) と呼ばれる MBS があり，アメリカでは巨大な市場を形成している．この商品はパススルー証券を小さく切り分けて別々の証券として販売するというもので，この場合の価格計算は非常に複雑になる [58]．

金融工学で現れる積分計算問題は，多くの場合，次のような形をとることが知られている [57]．

$$J(p) = \frac{1}{(\sqrt{2\pi})^s |Q|^{1/2}} \int_{\mathbb{R}^s} p(\boldsymbol{v}) \exp\left(-\frac{1}{2}\boldsymbol{v} Q^{-1} \boldsymbol{v}^\top\right) d\boldsymbol{v}$$

ここで，$p(\boldsymbol{v})$ は s 次元行ベクトル $\boldsymbol{v}$ を変数とする支払い関数，Q (分散共分散行列) は対称正定値 $s \times s$ 行列で，$|Q|$ は行列式を表す．変数変換すればこの積分は

$$J(p) = \frac{1}{(\sqrt{2\pi})^s} \int_{\mathbb{R}^s} p(A\boldsymbol{z}^\top) \exp\left(-\frac{|\boldsymbol{z}|_2^2}{2}\right) d\boldsymbol{z}$$

となる．ここで，A は Q の Choleski 分解 $Q = AA^\top$，すなわち $s \times s$ の実下三角行列である．また $|\boldsymbol{z}|_2$ は s 次元ベクトル $\boldsymbol{z} = (z_1,...,z_s)$ の L_2 ノルム (Euclid ノルム) を表している．上で述べた $\mathbb{E}[P]$ は $J(p)$ の一例であることがわかる．

実際に数値計算する段階では，この積分の積分区間を次のように s 次元単位超立方体に変数変換している．

$$x_i = \Phi(z_i),\ i=1,...,s, \quad \text{かつ} \quad d\boldsymbol{x} = \frac{1}{(\sqrt{2\pi})^s} \exp\left(-\frac{|\boldsymbol{z}|_2^2}{2}\right) d\boldsymbol{z}$$

より，

$$J(p) = \int_{[0,1]^s} p\bigl(A(\Phi^{-1}(x_1),...,\Phi^{-1}(x_s))^\top\bigr) d\boldsymbol{x}$$

とするのである．ここで $\Phi(x)$ は標準正規分布の分布関数である（式 (2.1) 参照）．先にも述べたように，金融工学では次元 s は数百次元（ときには 1000 次元以上）にもなり，そういった高次元積分を高速に計算することが求められている．

[2] このモデルは，非常に単純化したものであることに注意したい．期限前償還は全額返済を仮定しており，また金利モデルも最も単純な幾何 Brown 運動である．実際に金融工学の現場で使われているモデルでは，部分返済も当然考慮されているし，金利モデルももっと複雑なものが使われている．

5.2 「次元の呪い」とモンテカルロ法

「次元の呪い」という言葉は，動的計画法という計算手法を確立したことで知られるBellmanが最初に使ったものである（詳しくは[101]を参照）．与えられた問題に対するアルゴリズムの計算時間が，問題のサイズに関して指数関数的に増大するときにこの言葉が使われている．非常に大きな数をいうのに「天文学的な数」という表現があるが，指数関数はその一つである．そしてサイズのことを与えられた問題の「次元」と呼ぶことから，Bellmanは，こういう現象を「次元の呪い」と呼んだのである．「積分計算」の場合はs変数関数の積分を考えることになるため，sが次元である．また，どのようなアルゴリズムを用いても「次元の呪い」を受ける場合は，問題そのものが「次元の呪い」を受けているという．

一般のs次元積分に対しては，各座標ごとに1次元積分公式を適用するという考え方の**プロダクトルール**と呼ばれる方法がある．具体的には，1変数関数$g(x)$に対する重み$w_j^k, j=1,...,n_k$，を用いた1次元n_k点積分公式

$$S^k(g) = \sum_{j=1}^{n_k} w_j^k g(a_j^k), \qquad 0 \leq a_1^k,...,a_{n_k}^k \leq 1 \tag{5.2}$$

を用いて，各座標に総当り的に適用するのである．ここで，パラメーターkは正整数とする．つまり，s変数関数$f(x_1,...,x_s)$に対して

$$Q(f) = \sum_{j_1=1}^{n_{k_1}} \cdots \sum_{j_s=1}^{n_{k_s}} \left(\prod_{i=1}^{s} w_{j_i}^{k_i} \right) f(a_{j_1}^{k_1},...,a_{j_s}^{k_s})$$

とするのである．これは「テンソル積」と呼ばれていて，次のように表現されることが多い．

$$Q = S^{k_1} \otimes \cdots \otimes S^{k_s}$$

s次元プロダクトルールの誤差は，次に示すように，1次元n点積分公式の誤差から見積もることができる．簡単のため式(5.2)のパラメーターkを外して，$n = n_k, w_j = w_j^k, a_j = a_j^k$と書くことにすると

$$\left| \int_{[0,1]^s} f(x_1,...,x_s) d\boldsymbol{x} - \sum_{1 \leq j_1,...,j_s \leq n} \left(\prod_{i=1}^{s} w_{j_i} \right) f(a_{j_1},...,a_{j_s}) \right|$$

$$
\leq \left| \int_{[0,1]^s} f(x_1,...,x_s)d\boldsymbol{x} - \sum_{j_1=1}^n w_{j_1} \int_{[0,1]^{s-1}} f(a_{j_1},x_2,...,x_s) \prod_{i=2}^s dx_i \right|
$$

$$
+ \left| \sum_{j_1=1}^n w_{j_1} \int_{[0,1]^{s-1}} f(a_{j_1},x_2,...,x_s) \prod_{i=2}^s dx_i \right.
$$

$$
\left. - \sum_{1\leq j_1,j_2 \leq n} w_{j_1} w_{j_2} \int_0^1 f(a_{j_1},a_{j_2},x_3,...,x_s) \prod_{i=3}^s dx_i \right|
$$

$$
+ \cdots
$$

$$
+ \left| \sum_{1\leq j_1,...,j_{s-1}\leq n} \left(\prod_{i=1}^{s-1} w_{j_i} \right) \int_0^1 f(a_{j_1},...,a_{j_{s-1}},x_s) dx_s \right.
$$

$$
\left. - \sum_{1\leq j_1,...,j_s\leq n} \left(\prod_{i=1}^s w_{j_i} \right) f(a_{j_1},...,a_{j_s}) \right|
$$

から，$\boldsymbol{j}_h = (j_1,...,j_h)$, $h=0,...,s-1$, に対して 1 変数関数を

$$
g(x|\boldsymbol{j}_h) = \int_{[0,1]^{s-h-1}} f(a_{j_1},...,a_{j_h},x,x_{h+2},...,x_s) \prod_{i=h+2}^s dx_i \quad (5.3)
$$

と定義して書き直すと，結局，s 次元プロダクトルールの誤差は高々

$$
\sum_{h=0}^{s-1} \sum_{1\leq j_1,...,j_h\leq n} \left| \prod_{i=1}^h w_{j_i} \right| \left| \int_0^1 g(x|\boldsymbol{j}_h)dx - \sum_{j_{h+1}=1}^n w_{j_{h+1}} g(a_{j_{h+1}}|\boldsymbol{j}_h) \right| \quad (5.4)
$$

となる．ここで，$h=0$ では

$$
g(x|\boldsymbol{j}_0) = \int_{[0,1]^{s-1}} f(x,x_2,...,x_s) dx_2 \cdots dx_s
$$

となることに注意．

1 変数関数 $g(x|\boldsymbol{j}_h)$ の積分に関して 1 次元 n 点積分公式 (5.2) を用いたときの誤差が，すべての $\boldsymbol{j}_h$ に対して高々 $e(n)$ 以下になると仮定すると，式 (5.4) から，

$$
c_s = \sum_{h=0}^{s-1} \sum_{1\leq j_1,...,j_h\leq n} \left| \prod_{i=1}^h w_{j_i} \right|
$$

とおけば[3]，s 次元プロダクトルールの誤差は高々 $c_s e(n)$ となる．

[3] 定数 c_s は次元 s に依存することに注意．

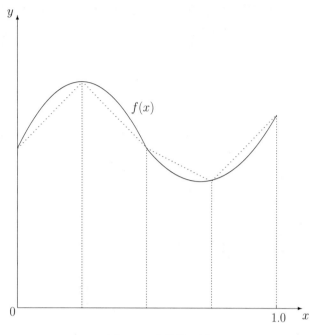

図 5.1 台形則の例

さて，1 次元数値積分の最も基本的な手法として知られているのが台形則である．この方法は積分区間 $[0,1]$ を n 等分して，次のように積分を近似する．

$$\int_0^1 f(x)dx \approx \frac{1}{n}\left(\frac{1}{2}f(0) + f\left(\frac{1}{n}\right) + \cdots + f\left(\frac{n-1}{n}\right) + \frac{1}{2}f(1)\right)$$

図 5.1 に示したように，台形を使って積分を近似しているのでこの名前がついたのである．被積分関数 $f(x)$ が C^2 級（2 回連続微分可能）であれば，テーラー展開を使って

$$\int_a^{a+\delta} f(x)dx - \frac{\delta}{2}(f(a) + f(a+\delta)) = -\frac{f''(t)\delta^3}{12}, \quad t \in [a, a+\delta] \quad (5.5)$$

となるので，$\delta = n^{-1}$ より台形則の誤差は高々 $e(n) = Mn^{-2}/12$ となる．ここで，定数 M は 2 次導関数の絶対値の上界（すなわち $|f''(x)| \leq M$）とする．この結果から，s 変数関数 $f(x_1, ..., x_s)$ が C^2 級であれば，式 (5.3) で定義される 1 変数関数 $g(x|\boldsymbol{j}_h)$ も C^2 級となり，その 2 次導関数の絶対値の上界を M と仮定すれば，s 次元プロダクトルールの誤差は，総点数 $N = n^s$ を使うと，定数 $c'_s = c_s M/12$ として

表 5.1 誤差と次元と計算時間の関係

次元 s	誤差			
	10^{-1}	10^{-2}	10^{-3}	10^{-4}
4	10^2	10^4	10^6	10^8
20	10^{10}	10^{20}	10^{30}	10^{40}
100	10^{50}	10^{100}	10^{150}	10^{200}
500	10^{250}	10^{500}	10^{750}	10^{1000}

$$c'_s N^{-2/s}$$

で抑えることができる．表5.1に示したのは，$c'_s = 1$ としたときの誤差が高々 $10^{-1}, 10^{-2}, ...$ となるために必要な N の値である．次元は $s = 4, 20, 100, 500$ の4通りをとっている．この表から，精度を一桁改善するのに必要な N の値が s に関して指数関数的に増えているのがわかる．N の値は，s 変数関数の値を求める回数であることから，計算時間は N にほぼ比例している．したがって，台形則を用いた s 次元プロダクトルールでは所望の精度を得るための計算時間は，「次元の呪い」を受けることになる．

プロダクトルールは作りが簡単なので，それが原因で「次元の呪い」を受けることになったと思われるかもしれない．はるかに複雑な高次元数値積分の公式として1963年に提案されたSmolyakの公式[4])というものがあるので次にそれを紹介しよう．

この公式も1次元積分公式 S^k （式(5.2)参照）をもとにして作られる．具体的には，$\Delta^k = S^k - S^{k-1}$ として，テンソル積を用いて

$$A_{q,s} = \sum_{k_1+\cdots+k_s \leq q} \Delta^{k_1} \otimes \cdots \otimes \Delta^{k_s}$$

とするのである．ここで，$S^0 = 0$ とする．これを展開して書き下せば，項が相殺するため最終的に

$$A_{q,s} = \sum_{q-s+1 \leq k_1+\cdots+k_s \leq q} (-1)^{q-k_1-\cdots-k_s} \binom{s-1}{q-k_1-\cdots-k_s} (S^{k_1} \otimes \cdots \otimes S^{k_s})$$

となる．また，このアルゴリズムで用いられる格子点の集合は

$$H_{q,s} = \bigcup_{q-s+1 \leq k_1+\cdots+k_s \leq q} X^{k_1} \times \cdots \times X^{k_s}$$

となっている．ここで $\times$ は直積を意味し，$X^{k_i} = \{a_1^{k_i}, ..., a_{n_{k_i}}^{k_i}\}$, $i = 1, ..., s$,

[4]) 離散 blending 法，疎格子法，Biermannの内挿，あるいはBoolean法などとも呼ばれている．

[5] 実用上は $X^{k_i} \subset X^{k_i+1}$, $i=1,...,s$, とするほうが効率的である.

である[5]. この格子点集合は hyperbolic cross points と呼ばれている. 点の総数が整数 b のベキ (すなわち $n_{k_i} = b^{k_i}$) のとき, 制約条件 $k_1 + \cdots + k_s \leq q$ から $\prod_{i=1}^s n_{k_i} \leq b^q$ (定数) となるのでこの名前が付いている. また, 格子点 $(a_{j_1}^{k_1},...,a_{j_s}^{k_s})$ の重みは

$$(-1)^{q-k_1-\cdots-k_s}\binom{s-1}{q-k_1-\cdots-k_s}\prod_{i=1}^s w_{j_i}^{k_i}$$

となる. 下に簡単な例を示そう.

例 5.2.1 1変数関数 $g(x)$ に対する 1 次元積分公式として矩形則

$$S^k(g) = \frac{1}{2^k}\sum_{j=1}^{2^k} g\left(\frac{j}{2^k}\right), \quad k \geq 1$$

をとると,

$$\Delta^k(g) = S^k(g) - S^{k-1}(g) = \begin{cases} \frac{1}{2}\left(g\left(\frac{1}{2}\right) + g(1)\right), & k = 1 \\ \sum_{j=1}^{2^k} \frac{(-1)^{j+1}}{2^k} g\left(\frac{j}{2^k}\right), & k > 1 \end{cases}$$

となるので, そのテンソル積を s 次元関数 $f(x_1,...,x_s)$ に対して施せば

$$A_{q,s}(f) = \sum_{k_1+\cdots+k_s \leq q} \sum_{j_1=1}^{2^{k_1}} \cdots \sum_{j_s=1}^{2^{k_s}} \left(\prod_{i=1}^s \frac{(-1)^{e_i(j_i+1)}}{2^{k_i}}\right) f\left(\frac{j_1}{2^{k_1}},...,\frac{j_s}{2^{k_s}}\right)$$

を得る. ここで,

$$e_i = \begin{cases} 0 & k_i = 1 \\ 1 & k_i > 1 \end{cases}$$

とする.

次の例は後に節 5.3.3.1 で必要になる.

例 5.2.2 1変数関数 $g(x)$ に対する 1 次元積分公式として

$$S^k(g) = \frac{2}{2n_k+1}\sum_{j=1}^{n_k} g\left(\frac{2j}{2n_k+1}\right), \quad k \geq 1$$

をとる. ここで, 性質 $X^k \subset X^{k+1}$ を満たすように $n_k = (3^k - 1)/2$ とする.

すると，s 次元関数 $f(x_1,...,x_s)$ に対して

$$A_{q,s}(f) = \sum_{\boldsymbol{k} \in P_{q,s}} \boldsymbol{c_k} \sum_{j_1=1}^{n_1} \cdots \sum_{j_s=1}^{n_s} f\left(\frac{2j_1}{3^{k_1}},...,\frac{2j_s}{3^{k_s}}\right)$$

が得られる．ここで，

$$P_{q,s} = \{\boldsymbol{k} = (k_1,...,k_s) \mid k_i \geq 1 \ (1 \leq i \leq s), \ q-s+1 \leq k_1 + \cdots + k_s \leq q\}$$

であり，また

$$\boldsymbol{c_k} = \frac{(-1)^{q-k_1-\cdots-k_s} 2^s}{3^{k_1+\cdots+k_s}} \binom{s-1}{q-k_1-\cdots-k_s}$$

かつ

$$(n_{k_1},...,n_{k_s}) = \left(\frac{3^{k_1}-1}{2},...,\frac{3^{k_s}-1}{2}\right)$$

である．格子点の総数は

$$\sum_{j=0}^{q-s} 3^j \binom{j+s-1}{s-1}$$

となる．

　実は Smolyak の公式も「次元の呪い」を受けることが知られている．プロダクトルールにしても Smolyak の公式にしても数値積分のためのある特殊な積分公式にすぎないので，もしかすると，もっといい「次元の呪いを受けない」積分公式があるかも知れないと考えられるが，そういうものは存在しないことがすでに証明されている．それが，この分野でよく知られた Bakhavalov の定理（例えば [52] 参照）である．それを述べよう．

定理 5.2.3 s 次元単位超立方体 $[0,1]^s$ 上で C^r 級かつ，その r 階までの偏導関数のどれをとってもその絶対値が M 以下になるような s 変数関数の積分を考える．そのとき，任意の s 次元 N 点積分公式に対して，誤差が少なくとも

$$cN^{-r/s}$$

となる被積分関数が常に存在する．ここで，c は r, s と M に依存する定数．

　まず，この定理から先の例で述べた台形則に基づくプロダクトルールは C^2 級の関数に対して最適アルゴリズムになっていることがわかる．しかし，もっ

と重要なことはどのような積分公式を用いても「次元の呪い」を受けるという事実である．それでは，「次元の呪い」を解くことはどうしてもできないのだろうか？ Bakhavalov の定理をよく見ると一つ気がつくことがある．それは，$r = s$ となるような非常に滑らかな関数しか考えないとどうなるか？である．この場合，誤差は次元 s によらず cN^{-1} となるので，次元の呪いから解放されるのである．しかし，関数に対して非常に強い制約条件「非常に滑らかであること」が必要になってしまう．そのような制約条件を付けずに呪いを解く方法はないのだろうか？ その答えが**モンテカルロ法**である．モンテカルロ法は 2 乗可積分な関数であれば用いることができるので，非常に広い関数のクラスを対象にすることができる．

モンテカルロ法の標準偏差について考えよう．計算しようとしているのは高次元積分である．具体的には

$$\mathrm{I}(f) = \int_{[0,1]^s} f(x_1, ..., x_s) d\boldsymbol{x}$$

と書ける．これは，$\boldsymbol{x} = (x_1, ..., x_s)$ の確率分布を s 次元単位超立方体内の一様分布としたときの関数 $f(x_1, ..., x_s)$ の期待値と見ることができる．この積分の推定量を，$[0,1]^s$ 内の一様ランダムで独立な N 点の集合 $P_N = \{X_0, ..., X_{N-1}\}$ を用いて

$$\mathrm{Q}_N(f) = \frac{1}{N} \sum_{n=0}^{N-1} f(X_n)$$

とするのがモンテカルロ法である．まず，この推定量は等式 $\mathrm{I}(f) = \mathbb{E}(\mathrm{Q}_N(f))$ を満たすことから，積分 $\mathrm{I}(f)$ の不偏推定量になっていることがわかる．また，その分散は $X_0, ..., X_{N-1}$ が独立であることから

$$\mathbb{V}[\mathrm{Q}_N(f)] = \mathbb{E}\big[(\mathrm{Q}_N(f) - \mathrm{I}(f))^2\big] = \frac{\sum_{n=0}^{N-1} \mathbb{E}\big[(f(X_n) - \mathrm{I}(f))^2\big]}{N^2} = \frac{\mathbb{V}[f]}{N}$$

となり，標準偏差は $\sqrt{\mathbb{V}[f]/N}$ となる．中心極限定理として知られているのは，標準偏差で正規化した統計量

$$\frac{\mathrm{Q}_N(f) - \mathrm{I}(f)}{\sqrt{\mathbb{V}[f]/N}} \tag{5.6}$$

が，$N \to \infty$ において標準正規分布に (分布) 収束することである．このことから，十分大きな N に対して（実際には $N > 30$ ぐらいで），与えられた信頼度で $\mathrm{I}(f)$ を区間推定できることになる．

先に述べた台形則に基づくプロダクトルールと比較するために，モンテカルロ法に対する N と誤差の関係を調べてみよう．$\mathbb{V}[f] = 1$，信頼度 95%（つまり 2 シグマ）として，誤差 $2/\sqrt{N}$ が $10^{-1}, 10^{-2}, ...$ となるために必要な N の値は，$4 \times 10^2, 4 \times 10^4, ...,$ となる．まず，この精度の増え方に注目しよう．精度を 1 桁改善するには N を 100 倍すればよいことになる．表 5.1 と比べると，プロダクトルールではちょうど 4 次元の場合と同じである．しかし，プロダクトルールでは N が次元 s に関して指数関数的に急激に増加するのに対して，モンテカルロ法では N の増え方は次元 s にかかわらず一定である．このことが，先のプロダクトルール（もっとひろく任意の積分公式）と根本的に違う点である．N が 100 倍になれば精度が 1 桁改善するという性質は，次元によらない性質であり，それはとりもなおさず「モンテカルロ法が次元の呪いを解いた」ということを意味している．

しかし，なぜモンテカルロ法は「次元の呪い」を解くことができたのか．その大きな理由は，Bakhavalov の定理では一つひとつの積分公式に対して「最大誤差」を考えているという点にある．それに対してモンテカルロ法ではランダムに生成される無数の積分公式全体の「平均誤差」を考えるのである．平均なので中にはそれを上回るような積分公式もあるが，そういう場合を許してしまうことで基準を緩和し，それと引き換えに「呪い」を解いたのである．

ただ残念なことに，数値計算の現場においてモンテカルロ法は十分満足な方法とは考えられていない．その理由は，モンテカルロ法では誤差がサンプル数の平方根に反比例しているため，収束が非常に遅いのである．例えば，k 桁精度を上げようとすれば，さらに 100^k 倍の計算時間が必要になるのである．そのため，60 年代すでに，このモンテカルロ法の問題点を克服するために，第 2 部で詳しく説明した超一様分布列を用いる試みがなされていた．その理論的根拠となるのが Koksma–Hlawka の定理（例えば [14, 16, 77] など参照）と呼ばれるもので，超一様分布列を高次元数値積分に応用すれば，計算誤差がサンプル数にほぼ反比例するまでに改良できる可能性を示していた．つまり，k 桁精度を上げるのに，10^k 倍の計算時間で済むのである．Koksma–Hlawka の定理を紹介する前に，まず関数 $f(x)$ の変動の定義が必要になる．

定義 5.2.4 s 次元単位超立方体を定義域とする関数 $f(x_1, ..., x_s)$ の Vitali の意味での変動 $V^{(s)}(f)$ は

$$V^{(s)}(f) = \sup_{\pi_1, ..., \pi_s} \sum_{j_1=1}^{n_1} \cdots \sum_{j_s=1}^{n_s} \left| \delta_{j_1}^{(1)} \cdots \delta_{j_s}^{(s)} f(x_1, ..., x_s) \right|$$

と定義される．ここで,

$$\delta_{j_i}^{(i)} f(x_1,...,x_s)$$

$$= f(x_1,...,x_{i-1},t_{j_i}^{(i)},x_{i+1},...,x_s) - f(x_1,...,x_{i-1},t_{j_i-1}^{(i)},x_{i+1},...,x_s)$$

であり，$0 = t_0^{(i)} < t_1^{(i)} < \cdots < t_{n_i}^{(i)} = 1$, $(1 \le i \le s)$ は第 i 座標軸の単位区間 $[0,1]$ の任意の分割 π_i である．もし，$V^{(s)}(f)$ が有界なら，関数 $f(x_1,...,x_s)$ は Vitali の意味で有界変動であるという．

定義 5.2.5 任意の $u \subseteq \{1,...,s\}$ に対して，$f(x_1,...,x_s)$ を $|u|$ 次元空間

$$\{(x_1,...,x_s) \in [0,1]^s \mid x_i = 1 \ (i \notin u)\}$$

へ制限した関数 $f(\boldsymbol{x}_u, 1)$ を $f_u(\boldsymbol{x}_u)$ で表すことにすると，

$$V(f) = \sum_{\emptyset \neq u \subseteq \{1,...,s\}} V^{(|u|)}(f_u)$$

を関数 $f(x_1,...,x_s)$ の Hardy–Krause の意味での変動という．もし $V(f)$ が有界なら，関数 $f(x_1,...,x_s)$ は Hardy–Krause の意味で有界変動であるという．

すると，Koksma–Hlawka の定理は次のように述べることができる．

定理 5.2.6 s 次元単位超立方体を定義域とする関数 $f(x_1,...,x_s)$ が Hardy–Krause の意味で有界変動であれば

$$\left| \int_{[0,1]^s} f(x_1,...,x_s) dx_1 \cdots dx_s - \frac{1}{N} \sum_{n=0}^{N-1} f(X_n) \right| \le V(f) D_s^*(P_N)$$

が成り立つ．ここで，$D_s^*(P_N)$ は s 次元単位超立方体 $[0,1]^s$ 内の N 点集合 $P_N = \{X_0,...,X_{N-1}\}$ のスターディスクレパンシーである．

この定理の重要な点は，右辺が二つのまったく意味の異なる量の積になっている点である．$V(f)$ は被積分関数のみで決まる量であり，点列によらない．一方，$D_s^*(P_N)$ は点列の一様性のみで決まり，被積分関数によらない量である．被積分関数が与えられれば，$D_s^*(P_N)$ の小さい点列ほど積分誤差は小さくなることを示している．ただし，定義からわかるように $V(f)$ はたとえ有界であっても非常に大きくなることが多く，実際のアプリケーションで使えるような誤差評価にはなっておらず，漸近的な評価でしかない．

5.3 Information-based complexity (IBC)

　本節では，高次元積分の計算複雑性に関する理論について紹介したい．主要なテーマは，積分計算高速化の限界とその限界を達成する最適アルゴリズムである．

　近年，数値解析あるいは数値計算の分野で長年にわたって得られた成果をも含んだ形で，特に"計算複雑性"という観点から構築されつつあるのが「連続問題に対する計算複雑性とアルゴリズムに関する理論」である．この分野は，"情報"という観点から，大きく二つに分類されている．情報が完全な場合と不完全な場合である．前者の例としては多項式の根，行列計算などが含まれ，後者の例としては積分，微分方程式の解などがある．この例からもわかるように，後者では，問題として与えられるものが連続な空間における関数の形をとることが多いため，本質的に無限次元を扱うことになる．そのため計算機上でアルゴリズムを考えるとなると連続空間を離散化せざるをえず，入力が本来持っている情報のうち断片的なものしか用いることができない．この意味で，情報は不完全となってしまう．したがって，このような問題に対するアルゴリズムの質は情報の不完全さに大きく依存することになり，逆にいえば，どう情報をとるかでアルゴリズムの良し悪しが決まってくるのである．そのような背景から，後者は現在では「Information-based complexity (IBC)」と呼ばれている．そして1990年代におけるこの分野の大きな成果が高次元積分に対する最適アルゴリズムであり，その金融工学への応用だった．

　本章では，Information-based complexity (IBC) の主要な概念について数値積分を例に用いて紹介する．より詳しい解説は [52–54, 101, 102] を参照されたい．数値積分は数学の伝統的な研究テーマであるが，IBC は積分のような単純な問題のみを扱うわけではないことを強調しておきたい．近似問題，常・偏微分方程式，経路積分，積分方程式，および一般の多変数問題などさまざまな連続問題も IBC は扱っている．

5.3.1 一次元積分問題の例

　実関数 $f(x)$ の単位区間上の積分

$$\int_0^1 f(x)\,dx$$

を計算することを考えよう．現実社会で現れる被積分関数 $f(x)$ の殆どは初等関数の組合せで表されるような不定積分をもたないために，問題は数値的に解かざるをえないことになる．

まず，積分しようとしている関数 f についてどのような情報が与えられているかを明確にしよう．ここでは，$[0,1]$ 上の有限個の点における f の値

$$\mathcal{N}(f) = [f(t_1),...,f(t_n)]$$

が与えられると仮定する．これらの関数値は組合せアルゴリズム ϕ への入力として用いられ，

$$\int_0^1 f(x)\,dx \approx U(f) := \phi\big(f(t_1),...,f(t_n)\big)$$

の形の結果が生成される．ここで，ϕ は入力が有限個の数であるような写像である．

局所的情報 $\mathcal{N}(f)$ だけでは問題を解くには十分でないことに注意したい．つまり，有限個の点 $\{t_1,...,t_n\}$ における関数値しか与えられていない場合，その積分値は任意の実数をとりうるのである．具体的には，任意の関数 f に対して，κ を任意の正数として

$$\tilde{f}_\kappa(x) = f(x) + \kappa \prod_{j=1}^n (x-t_j)^2$$

という"道化関数"を考えてみればよい．すると $j=1,...,n$ に対して，$\tilde{f}_\kappa(t_j) = f(t_j)$ となり，$\mathcal{N}(\tilde{f}_\kappa) = \mathcal{N}(f)$ が導ける．つまり情報 $\mathcal{N}$ だけでは f と $\tilde{f}_\kappa$ を区別できないのである．さらに，κ を適切に選ぶことにより $\int_0^1 \tilde{f}_\kappa(x)\,dx$ が任意の値をとるようにできる．つまり，もし被積分関数について局所的情報しか与えられないとすれば積分に関しては何も言えないのである．したがって，被積分関数のクラスをある特別なクラス F に制限するような大局的情報が必要になる．この節では，単純かつ典型的な被積分関数のクラス F を用いることにする．それは，

$$|f(\xi) - f(\eta)| \leq L\,|\xi - \eta|, \quad \forall \xi, \eta \in [0,1]$$

を満たすような関数 f からなるクラスである．すなわち，被積分関数は Lipschitz 連続であり，Lipschitz 定数

$$\mathrm{Lip}(f) = \max_{\xi,\eta \in [0,1]} \frac{|f(\xi) - f(\eta)|}{|\xi - \eta|}$$

の上界 L は既知とするのである．

被積分関数のクラス F を定義する Lipschitz 定数の上界 L という制限についてすこし説明しよう．この条件には二つの側面がある．一つは f の滑らかさ，すなわち Lipschitz 条件を満たすという事実であり，もう一つは $\mathrm{Lip}(f)$ の一様な上界 L が与えられているという事実である．そのような上界を知らず，f が Lipschitz 条件を満たすことのみを知っていると仮定すると，先の議論と同じ道化関数を用いることにより f の積分値は任意の実数をとりうることが示される．このことは f の連続性を増しても，つまり f の高階の微分可能性を要求しても変わらないので，もし f の滑らかさしか知らなければ問題を解くことはできない．

かわりに，もし f が単に連続で上界があるような，例えば $x \in [0,1]$ に対して $|f(x)| \leq L$ となるような関数のクラスでは何が起こるか考えてみよう．この場合，f の積分値は評価点の数にかかわらず，$-L$ から L の間の任意の値をとることができる．実際 $\ell \in [-L, L]$ を任意に選び，評価点の集合を $\{t_1, ..., t_n\}$ と書くことにすれば，$\delta > 0$ に対して，

$$\tilde{f}_{\ell,\delta}(x) = \begin{cases} f(t_j) & \text{ある } j \in \{1,...,n\} \text{ に対して } x = t_j \text{ となるとき} \\ \ell & \text{すべての } j \in \{1,...,n\} \text{ に対して } |x - t_j| \geq \delta \text{ となるとき} \end{cases}$$

を満たすような区分的線形関数として道化関数 $\tilde{f}_{\ell,\delta}$ を考えればよい．十分小さい δ を選ぶことにより，$\tilde{f}_{\ell,\delta}$ は連続な関数でありかつ $\mathcal{N}(\tilde{f}_{\ell,\delta}) = \mathcal{N}(f)$ となる．さらに積分値 $\int_0^1 \tilde{f}_{\ell,\delta}(x)\,dx$ はいくらでも ℓ に近づけることができるので，関数の上界しか知らなければ，これまた問題を解くことはできない．

さて，与えられた特定の被積分関数に対して，いかにすれば関数値の情報 $\mathcal{N}(f)$ を最大限利用できるだろうか？ Lipschitz 定数を高々 L としたことから，$\mathcal{N}(\tilde{f}) = \mathcal{N}(f)$ となるすべての被積分関数 $\tilde{f}$ の集合に対する包絡線は，傾きが $\pm L$ の区分的線形関数により与えられることは容易にわかる．図 5.2 に $L = 1$ の場合が示されている．さらにもし f_{up} と f_{low} でその包絡線を決める上限，下限関数を表すとすれば，$f_{\mathrm{mid}} = \frac{1}{2}(f_{\mathrm{up}} + f_{\mathrm{low}})$ は，その包絡線内で任意の他の関数からの最大距離が最小となる関数である．この事実は次のように言い換えることができる．g を任意の実数としたとき

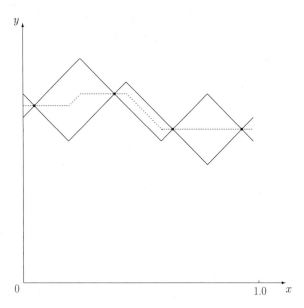

図 5.2　包絡線の例：実線の上部が f_{up} で下部が f_{low} であり，点線で示したのが f_{mid}

$$\sup_{\tilde{f}} \left| g - \int_0^1 \tilde{f}(x)\, dx \right|$$

を最小化することを考えよう．ここで，supremum は $\mathcal{N}(\tilde{f}) = \mathcal{N}(f)$ となるようなすべての被積分関数 $\tilde{f} \in F$ の上でとられるものとする．上の事実から $\phi^*(\mathcal{N}(f)) = \int_0^1 f_{mid}(x)\, dx$ とおくと $g = \phi^*(\mathcal{N}(f))$ がその答えになっていることがわかる．ゆえに，$\phi^*(\mathcal{N}(f))$ は情報 $\mathcal{N}(f)$ を生じるすべての被積分関数の中で最良可能な $\int_0^1 f(x)\, dx$ の推定値となるのである．

　また，アルゴリズム ϕ^* の具体的な形は次のようにして求めることができる．一般性を失うことなく $0 \leq t_1 < t_2 < \cdots < t_n \leq 1$ と仮定する．また，$y_j = f(t_j)$, $j = 1, ..., n$，とする．関数 f_{lin} を評価点 $(0, y_1)$, (t_1, y_1), ..., $(t_n, y_n), (1, y_n)$ を通る区分的線形補間関数とすると[6]，

$$\int_0^1 f_{mid}(x)\, dx = \int_0^1 f_{lin}(x)\, dx$$

であり，かつ

$$\phi^*(\mathcal{N}(f)) = y_1 t_1 + \frac{1}{2}\sum_{j=1}^{n-1}(y_j + y_{j+1})(t_{j+1} - t_j) + y_n(1 - t_n) \tag{5.7}$$

[6] ここで，二つの特別な点 $(0, y_1)$ および $(1, y_n)$ を追加し，f_{lin} を部分区間 $[0, t_1]$ および $[t_n, 1]$ において定数となるように定義したことに注意したい．つまり $[0, t_1]$ および $[t_n, 1]$ 上では $f_{mid} = f_{lin}$ となる．

となるのは明らかである．さらに，このアルゴリズムが，もし $t_1 > 0$ あるいは $t_n < 1$ であれば端点を修正した合成台形則となっていることは容易にわかる．要するに，この修正台形則はクラス F における積分に対して最適アルゴリズムになっているのである．

一般に，アルゴリズム ϕ として関数値の任意の組合せ（必ずしも線形とは限らない）を許していることをおもいだそう．しかし，修正台形則 $\phi^*(\mathcal{N}(f))$ は関数値 $y_1, ..., y_n$ の線形結合となっている．つまり，任意のアルゴリズムが許されるなかで，関数値の線形結合が最適になったのである．

5.3.2 IBC の一般的定式化

この小節では，IBC の一般的定式化についてその概略を述べよう．G を線形ノルム空間，F を線形ノルム空間の部分空間とし，

$$\mathcal{S}: F \to G$$

を解演算子とする．任意の問題要素 $f \in F$ に対して $\mathcal{S}(f)$ の近似解を計算することが目的である．

前節でも見たように，問題には「大局的情報」と「局所的情報」の二つがある．大局的情報は問題要素の先見的知識（例えば，滑らかさ，凸性など）を表現するものとして F で与えられる．大局的情報はしばしば固定されるので，通常は局所的情報を**情報**と呼んでいる．問題要素 $f \in F$ に関して持っている情報は，f の汎関数の有限集合

$$\mathcal{N}(f) = [L_1(f), ..., L_n(f)] \tag{5.8}$$

である．ここで，$L_1, ..., L_n \in \Lambda$ であり，Λ は許される情報汎関数のある与えられたクラスを意味している．これらの汎関数は線形である場合が多い．また $\mathcal{N}$ を「情報演算子」と呼ぶ．

汎関数 $L_1, ..., L_n$ の決め方には次の 2 通りがある．

- 適応的：ある特定の汎関数はそれ以前の汎関数情報に依存する．すなわち，$L_i = L_i(L_1(f), ..., L_{i-1}(f))$ となる．さらに，汎関数の総数 n は，適応的に変えられるので，$n = n(f)$ と表され，任意の終了条件が許される．
- 非適応的：汎関数の総数 n と汎関数 $L_1, ..., L_n$ はすべての問題要素 f に対して同一となる．

明らかに適応的情報は逐次的であり，一方，非適応的情報は（原理的には）並列的に処理できる．IBC では，適応的あるいは非適応的のどちらを選んでもよい．さらに，$n = n(f)$ も適応的に選べる．もし，L_i または n のどちらかが適応的に選べるなら情報 $\mathcal{N}$ は「適応的」と呼ばれる．

情報 $\mathcal{N}(f)$ は有限個の数からなるが，問題要素 f は一般に無限次元空間に存在する．したがって，情報演算子 $\mathcal{N}$ は多対一となる．つまり，問題要素に関して断片的情報のみしか手に入らない．このことは，一般にはすべての問題要素に対して正確な解を与えるアルゴリズムなど作れないということを意味している．ここで，アルゴリズムとは

$$\phi : \mathcal{N}(F) \to G$$

のことである．任意の $f \in F$ に対して，

$$U(f) = \phi(\mathcal{N}(f))$$

によって $\mathcal{S}(f)$ の近似解 $U(f)$ を得る．これらのアイデアは図 5.3 に示されている．

目的は，ある与えられたレベルの不確実性を満たす近似解をできる限り低いコストで求めることである．計算問題を定式化し，その結果を記述するためには計算のモデルが必要となるが，IBC では実数モデルを用いている．このモデルの最も重要な特徴は次のような点である．

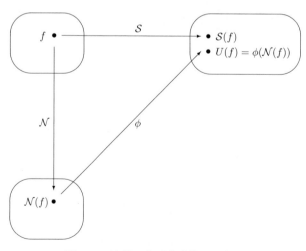

図 **5.3** 情報に基づく計算の概念図

- 1回毎の情報演算に対してコストが発生する．すなわち，任意の $f \in F$ および任意の $L \in \Lambda$ に対して，$L(f)$ を計算するコストを c とする．このコスト c は f と L に対して独立であると仮定する．
- 許される組合せ的（あるいは算術的）演算を Ω で表すと，それは G におけるベクトル空間演算（加算とスカラー乗算）と $\mathbb{R}$ における演算（四則演算，比較及びいくつかの初等関数計算など）を含んでいる．特に指定がないかぎり，Ω における各演算は単位コストで正確に行えるものとする．

$c \geq 1$ つまり，情報演算は少なくとも組合せ演算と同じだけのコストがかかると仮定するのは合理的である．実際には，情報演算は組合せ演算よりはるかにコストがかかると考えられるので，$c \gg 1$ と仮定してもおかしくない．例えば，積分においては多くの場合，ϕ は重み付き平均であるため，その計算コストは関数評価の計算コストに比べ無視できるほど小さくなる．実際，金融工学の例（MBS価格計算等）では，関数評価1回当り 10^5 回以上の浮動少数演算を必要とすることも稀ではなく [101]，それに対して重み付き平均の計算はわずかな加乗算でしかない．

任意の固定した $f \in F$ に対して近似解 $U(f) = \phi(\mathcal{N}(f))$ を計算する際のコストと誤差は非常に簡潔に定義できる．誤差はノルムを使って

$$e(U, f) = \|\mathcal{S}(f) - U(f)\|$$

と書くことができ，コストは情報を得るためのコストと情報を組み合わせるためのコストの和となる．つまり，

$$\mathrm{cost}(U, f) = \mathrm{cost}(\mathcal{N}, f) + \mathrm{cost}(\phi, \mathcal{N}(f))$$

である．ここで，$\mathrm{cost}(\mathcal{N}, f)$ は情報 $y = \mathcal{N}(f)$ を計算するための情報コストを表している．また，$\mathrm{cost}(\mathcal{N}, f) \geq c\, n(f)$ が成立している[7]．組合せコスト $\mathrm{cost}(\phi, \mathcal{N}(f))$ は，$U(f) = \phi(y)$ を計算するときに使われる Ω 内の組合せ演算の総数である．

ここまでは，個々の f に対する誤差とコストを考えていたが，計算複雑性は問題要素の（しばしば無限）集合にのみ関係している．まず最悪ケースの設定を定義しよう．これは最も控えめな設定であり，ユーザーに対しては最も強力な保証を与える．ランダマイズド設定および平均的ケースの設定については後の節で定義する．

[7] ここで $\mathcal{N}$ が非適応的であれば等号が成立する．しかし，適応的情報の場合は，ある特定の $f \in F$ に対して $\mathcal{N}(f)$ を構成する汎関数を決定するために発生しうるコストを考慮しなければならない．

最悪ケースの設定では，誤差とコストの定義は次のようになる．

$$e(U) \equiv e^{\text{worst}}(U) := \sup_{f \in F} e(U, f),$$

$$\text{cost}(U) \equiv \text{cost}^{\text{worst}}(U) := \sup_{f \in F} \text{cost}(U, f)$$

もし，$e(U) \leq \varepsilon$ が成り立つなら U を「ε 近似」と呼ぶ．目的は ε 近似をできるだけ低いコストで計算することである．与えられた問題の計算複雑性は

$$\text{comp}(\varepsilon) = \inf\{\,\text{cost}(U) \mid e(U) \leq \varepsilon を満たすような U\,\} \qquad (5.9)$$

で表され，これを「ε 複雑性」と呼ぶ．もし，情報 $\mathcal{N}(f)$ を使ってアルゴリズム ϕ が近似解 U を与えたとき

$$e(U) \leq \varepsilon \quad かつ \quad \text{cost}(U) = \text{comp}(\varepsilon)$$

が成り立つならば，ϕ は最適アルゴリズム，$\mathcal{N}(f)$ は「最適情報」と呼ばれる．空集合の下限は伝統的に無限大と定義されているので，もし式 (5.9) の右辺の集合が空である，すなわち ε 近似が計算できないならば $\text{comp}(\varepsilon) = \infty$ となることに注意したい．

ε 複雑性は，誤差 ε に加えていくつかのパラメーター（解演算子 $\mathcal{S}$，問題のクラス F，許される情報演算子 Λ，許される組合せ演算 Ω など）に依存している．必要なときはいつでもこの依存性を明示的に表示することができる．例えば，高次元問題の ε 複雑性は次元 s に依存するかもしれないのでそのときは $\text{comp}(\varepsilon, s)$ と書く．情報複雑性および組合せ複雑性とは，それぞれ ε 近似を計算するための最小情報コストおよび最小組合せコストのことである．言い換えれば，情報（あるいは組合せ）複雑性は，組合せ（あるいは情報）コストがゼロとしたときの ε 複雑性と定義することもできる．

ここで，IBC の主要な二つのゴールを述べておこう．

- 種々の設定において ε 複雑性を決定すること
- ε 近似を計算するための最適（あるいは準最適）なアルゴリズムと情報を見つけること

一見すると，これは大変困難な仕事のように思えるかもしれない．なぜなら ε 近似を計算するあらゆるアルゴリズムを考慮し，そのなかから最小コストのものを選ばなければならないからである．

しばらく最悪ケースの設定に話を絞って考えよう．$\mathcal{N}$ を情報演算子とする

と，$f \in F$ に対して，$y = \mathcal{N}(f)$ とおけば，

$$\mathcal{N}^{-1}(y) = \{\tilde{f} \in F \mid \mathcal{N}(\tilde{f}) = y\}$$

は f と同じ情報をもつすべての区別できない問題要素の集合である．同様に，$\mathcal{S}(\mathcal{N}^{-1}(y))$ は区別できない解要素の集合となる．

集合の半径 (radius) はその集合を含む最小球の半径であることから，情報半径を

$$r(\mathcal{N}) \equiv r^{\text{worst}}(\mathcal{N}) := \sup_{y \in \mathcal{N}(F)} \text{radius}\bigl(\mathcal{S}(\mathcal{N}^{-1}(y))\bigr)$$

と定義できる．すると次の事実が知られている [102]．

$$r^{\text{worst}}(\mathcal{N}) = \inf_{\phi} e^{\text{worst}}(\phi, \mathcal{N}) \tag{5.10}$$

ここでは，$e^{\text{worst}}(U)$ を明示的に $e^{\text{worst}}(\phi, \mathcal{N})$ と表している．情報半径はすべての設定において定義でき，IBC の最も基本的な概念の一つとなっている．なぜなら，それは与えられた情報を用いて問題を解く場合の固有の不確実性を測る尺度となるからである．式 (5.10) における下限 (infimum) が実現されると仮定すれば，ε 近似を計算できることと $r(\mathcal{N}) \leq \varepsilon$ は等価である．情報半径は解こうとしている問題およびそのために手に入る情報にのみ依存しており，その情報を用いる任意の特定のアルゴリズム ϕ に依存することはない．したがって，組合せ複雑性が情報複雑性に比べて無視できる場合には，計算複雑性を情報半径によって（任意の設定に対して）説明することができる．

まず，情報複雑性の下界を与えよう．情報 $\mathcal{N}(f)$ に対して $\text{card}(\mathcal{N})$ で濃度すなわち，$\mathcal{N}(f)$ を構成する汎関数の数を表し，また

$$m(\varepsilon) = \inf\{\text{card}(\mathcal{N}) \mid r(\mathcal{N}) \leq \varepsilon \text{を満たすような情報 } \mathcal{N}(f)\}$$

を「ε 濃度数」と呼ぶことにする．すると ε 近似を計算する任意のアルゴリズムは少なくとも $m(\varepsilon)$ 回の情報評価を行わねばならず，1 回のコストを c とすれば

$$\text{comp}(\varepsilon) \geq c\, m(\varepsilon)$$

となる．

次に，一致する上界すなわち $c\,m(\varepsilon)$ に近いコストをもつような ε 近似 $U_\varepsilon = (\phi_\varepsilon, \mathcal{N}_\varepsilon)$ について考えよう．情報コストが $c\,m(\varepsilon)$ で半径 $r(\mathcal{N})$ が高々 ε

となる濃度 $m(\varepsilon)$ の情報 $\mathcal{N}_\varepsilon$ を見つけられると仮定すると情報複雑性は $c\,m(\varepsilon)$ となる．さらに，アルゴリズム ϕ_ε の組合せコストが問題の情報複雑性よりはるかに小さくなるように

$$e(U_\varepsilon) \leq \varepsilon$$

かつ

$$\mathrm{cost}(\phi_\varepsilon, \mathcal{N}_\varepsilon(f)) \ll c\,m(\varepsilon), \qquad \forall f \in F$$

を満足する近似解 $U_\varepsilon = (\phi_\varepsilon, \mathcal{N}_\varepsilon)$ が存在すると仮定しよう．すると

$$\mathrm{comp}(\varepsilon) \approx \mathrm{cost}(U_\varepsilon) \approx c\,m(\varepsilon)$$

である．したがって ϕ_ε はほとんど最適なアルゴリズムとなりかつ $\mathcal{N}_\varepsilon(f)$ は殆ど最適な情報となる．

ここまで，情報複雑性が組合せ複雑性を圧倒するときはいつでも，情報に基づく考察が複雑性に関するタイトな上下界を与えることを見てきたが，もちろんこのことは常に起こるわけではない．実際，組合せ複雑性が情報複雑性を圧倒する場合もある（[101] 参照）が，先に述べたとおり現実社会の問題では情報複雑性が組合せ複雑性を圧倒することが多い．

5.3.2.1 一次元積分問題の計算複雑性

上に述べた事柄がどのようにして本節の初めに取り上げた 1 次元積分問題に適用されるかを見てみよう．最悪ケースの設定で話を進めることにする．ここで，問題要素の集合

$$F = \{\,[0,1] \xrightarrow{f} \mathbb{R} \mid \mathrm{Lip}(f) \leq L\,\}$$

は，Lipschitz 定数が高々 L となるようなすべての Lipschitz 連続関数からなっているとし，解要素の集合 G は $\mathbb{R}$ であり，解演算子 $\mathcal{S}: F \to G$ は

$$\mathcal{S}(f) = \int_0^1 f(x)\,dx, \qquad \forall f \in F$$

で与えられる．唯一許される情報演算は問題要素 $f \in F$ の評価点 $x \in [0,1]$ における関数値 $f(x)$ である．したがって，この問題に対する情報は

$$\mathcal{N}(f) = [f(t_1), ..., f(t_n)] \tag{5.11}$$

と表せる．このとき，情報 $\mathcal{N}(f)$ を決定する評価点 $t_1, ..., t_n \in [0,1]$ は適応的あるいは非適応的のどちらでもかまわないが，この問題では非適応情報のみを考えれば十分であることが既に知られている [101, 102]．また，$G = \mathbb{R}$ なので計算モデルで許されるベクトル空間演算は単なる実数加算と乗算であることに注意したい．

前節での解析から，評価点 $t_1, ..., t_n$ がどのように選ばれても修正台形則は情報 (5.11) を用いるすべてのアルゴリズムのなかで最小誤差をもつことがわかる．さらに，$y_1 = y_2 = \cdots = y_n$ となるときに最悪ケースを与えることもわかる（図 5.2 参照）．したがって，ゼロ関数値を考えればよいので

$$e^{\text{worst}}(\phi^*, \mathcal{N}) = r^{\text{worst}}(\mathcal{N}) = \sup_{\substack{f \in F \\ f(t_1) = \cdots = f(t_n) = 0}} \int_0^1 f(x)\,dx$$

$$= L\left(\tfrac{1}{2}t_1^2 + \tfrac{1}{4}\sum_{j=1}^{n-1}(t_{j+1} - t_j)^2 + \tfrac{1}{2}(1 - t_n)^2\right) \quad (5.12)$$

を得る．

もし濃度数 n のすべての情報 $\mathcal{N}(f)$ に対する $r^{\text{worst}}(\mathcal{N})$ の最小値を r_n^{worst} で表すことにすると，式 (5.12) を用いた簡単な計算により

$$r_n^{\text{worst}} = \inf_{|\mathcal{N}(f)| = n} r^{\text{worst}}(\mathcal{N}) = \frac{L}{4n} \quad (5.13)$$

となる．ここで，

$$t_j^* = \frac{2j - 1}{2n}, \quad j = 1, ..., n \quad (5.14)$$

で与えられる評価点を用いた情報

$$\mathcal{N}_n^*(f) = [f(t_1^*), ..., f(t_n^*)]$$

が最小半径をもつ濃度数 n の情報になる[8]．したがって，これらの評価点を用いる修正台形則は高々 n の濃度数の任意の情報を用いるすべてのアルゴリズムのなかで誤差が最小となるアルゴリズムである[9]．最適情報 $\mathcal{N}_n^*(f)$ を用いる修正台形則は特に単純な形

$$U_n(f) \equiv \phi^*(\mathcal{N}_n^*(f)) := \frac{1}{n}\sum_{j=1}^{n} f(t_j^*) \quad (5.15)$$

すなわち区間等分割の合成中点法となっていることに注意したい．アルゴリズム ϕ^* のコストは $n - 1$ 回の加算と 1 回の除算なので，高々 $(c+1)n$ のコス

[8] IBC では n 番最小情報と呼ぶ．

[9] IBC では n 番最小誤差アルゴリズムと呼ぶ．

トで $U_n(f)$ を計算できることは明らかである.

式 (5.13) からこの問題に対する ε 濃度数は

$$m^{\text{worst}}(\varepsilon) = \left\lceil \frac{L}{4\varepsilon} \right\rceil$$

となることがわかる. よって, この積分問題の ε 複雑性は

$$\text{comp}^{\text{worst}}(\varepsilon) \geq c \left\lceil \frac{L}{4\varepsilon} \right\rceil \tag{5.16}$$

を満たす. 一方, $n = m(\varepsilon)$ とし, 式 (5.14) で与えられる評価点を用いるアルゴリズム (5.15) を使って得られる近似解 $U_\varepsilon = (\phi_\varepsilon^*, \mathcal{N}_n^*)$ が

$$\text{cost}^{\text{worst}}(U_\varepsilon) \leq (c+1) \left\lceil \frac{L}{4\varepsilon} \right\rceil \tag{5.17}$$

を満たし, ε 近似を与えていることがわかる. 式 (5.16) と (5.17) を合わせれば,

$$c \left\lceil \frac{L}{4\varepsilon} \right\rceil \leq \text{comp}^{\text{worst}}(\varepsilon) \leq \text{cost}^{\text{worst}}(U_\varepsilon) \leq (c+1) \left\lceil \frac{L}{4\varepsilon} \right\rceil \tag{5.18}$$

を得る. 先に説明したように $c \gg 1$ であることが多いので, その場合は, 式 (5.18) における上下界は非常にタイトである. 例えば, もし $c = 100$ なら, すなわち関数評価が算術演算の 100 倍時間がかかるならば, 二つの上下界は互いに 1% 以内に入っている. よって, この問題の最悪ケースの設定における ε 複雑性は概ね $cL/(4\varepsilon)$ となり, 近似解 U_ε はほとんど最適近似となる.

5.3.3 高次元積分問題の計算複雑性

本節では, 高次元積分問題に焦点をあてながら, その計算複雑性について考えよう. まずは最悪ケースの設定である. 通常 IBC で取り上げられる被積分関数のクラスは "滑らかさ r" に依存して決められている. 具体的には Sobolev 空間の単位球として

$$F_r := \{ [0,1]^s \xrightarrow{f} \mathbb{R} \mid \text{すべての } |\boldsymbol{t}| \leq r \text{ に対して } \mathcal{D}^{\boldsymbol{t}} f \text{ が連続かつ}$$

$$\text{すべての } |\boldsymbol{t}| \leq r \text{ に対して } \|\mathcal{D}^{\boldsymbol{t}} f\|_{\text{sup}} \leq 1 \}$$

と定義される. ここで, $\|g\|_{\text{sup}} = \sup_{\boldsymbol{x} \in [0,1]^s} |g(\boldsymbol{x})|$ であり,

$$\mathcal{D}^{\boldsymbol{t}} = \left(\frac{\partial}{\partial x_1}\right)^{t_1} \cdots \left(\frac{\partial}{\partial x_s}\right)^{t_s}$$

である．また $\boldsymbol{t} = (t_1, ..., t_s)$ は非負整数のベクトルを表し，$|\boldsymbol{t}| = t_1 + \cdots + t_s$ とする．すると，Bakhvalov の定理（定理 5.2.3）は IBC 流に表現すれば

定理 5.3.1 クラス F_r に対する s 次元積分問題の ε 複雑性は

$$\text{comp}^{\text{worst}}(\varepsilon, s) = \Theta\left(c(s)\left(\frac{1}{\varepsilon}\right)^{\frac{s}{r}}\right) \tag{5.19}$$

を満たす[10]．

となる．ここで，$c(s)$ は関数評価のコストであり，次元 s に依存してもよいことを明示している．式 (5.19) の右辺の記号 Θ には，ε とは独立で r と s には依存してもよいような項が陰に含まれていることに注意したい．

式 (5.19) において $r = 0$，つまり被積分関数が既知の上界をもちかつ連続である場合を考えると，$1/\varepsilon$ の指数が無限大となる，すなわち ε 複雑性が無限大となってしまう．このことは，$r = 0$ の場合には誤差が無限大となってしまうような問題要素が存在することを意味している．次に，問題のクラスがもっと滑らかな場合，つまり $r > 0$ の場合はどうだろう．この場合には，ε 複雑性は任意の ε，s，および r に対して有限となる．ところが，滑らかさ r および誤差 ε を固定して考えると，その ε 複雑性は次元 s に関し指数関数的に増加していくことになる．

一つの例として被積分関数が 1 回微分可能 ($r = 1$) であるような積分を考えよう．今，その数値計算を 2 桁の精度まで行いたい，つまり $\varepsilon = 10^{-2}$ としよう．すると式 (5.19) が意味するのは，$s = 1$ 次元では 100 個の関数値を計算すれば済むものが，$s = 10$ 次元ではなんと 10^{20} 回の関数計算を必要とするということである．これは，任意の点における任意の被積分関数の計算がたった 1 回の浮動小数演算であるとしても，ε 近似を求めるためには 10^{20} 回の浮動小数演算が必要となることを意味している．コンピューターが毎秒 10^{10} 回の浮動小数演算をこなすとすると，ε 近似を計算するのに 10^{10} 秒，すなわち 300 年以上もかかることになってしまう．すでに説明したとおり，計算機科学の研究者は，このように計算時間が次元に指数関数的に依存することを「次元の呪い」と呼んでいるが，この概念は IBC でも重要なものである．

もしすべての入力に対して（すなわち，最悪ケースの設定で）高々 ε の誤差を保証することにこだわるならば，高次元積分問題は「次元の呪い」に苦

[10] Θ 記法は Knuth に従う．すなわち，$f = \Theta(g)$ は $f = O(g)$ かつ $g = O(f)$ を意味する．

しめられることになる．そこで，前節では「次元の呪い」を解くための方法として最悪ケースの保証を緩め，その代わりに確率的保証を用いることを考えた．具体的には情報に確率分布を導入するものでそれがモンテカルロ法である．IBC ではこれを「ランダマイズド設定」と呼んでいる．すでに説明したように，モンテカルロ法では高次元積分に用いる情報

$$\mathcal{N}(f) = [f(t_1), ..., f(t_n)]$$

をランダムに選ぶことになる．一般的に表現すれば情報 $\mathcal{N}(f)$ は，集合 T 上の確率測度 ρ にしたがって決まるパラメーター τ に依存して選ばれることになる．例えば，単位超立方体上の一様分布にしたがってサンプル点 $t_1, ..., t_n \in [0,1]^s$ を選択する場合が最も典型的なモンテカルロ法であるが，その場合は $T = [0,1]^{ns}$ であり，T 上の確率測度 ρ は T 上の一様分布を意味している．したがってランダマイズド設定は，

$$e(U) \equiv e^{\mathrm{rand}}(U) := \Big(\sup_{f \in F} \int_T e(U_\tau, f)^2 \rho(d\tau)\Big)^{1/2},$$

$$\mathrm{cost}(U) \equiv \mathrm{cost}^{\mathrm{rand}}(U) := \sup_{f \in F} \int_T \mathrm{cost}(U_\tau, f) \rho(d\tau)$$

と定義される．この設定では，情報の空間における平均誤差 $e(U)$ が高々 ε となるという保証が与えられる．

高次元積分の計算複雑性については，$[0,1]^s$ 上連続な関数のクラス（以下 $C^0([0,1]^s)$ と表すことにする）に対してモンテカルロ法のコストは常に

$$\Theta\left(c(s)\left(\frac{1}{\varepsilon}\right)^2\right)$$

となることがよく知られている [101, 102]．つまり，ランダマイゼーションの導入により，高次元積分問題における「次元の呪い」が解消されるのである．しかし，ここで $1/\varepsilon^2$ の意味をよく考える必要がある．この結果は，解の精度を1桁あげようとするとさらに100倍の計算時間が必要になることを示している．モンテカルロ法の最大の問題点として実際の応用でしばしば指摘される"収束の遅さ"を IBC 流に表現したものである．特に金融工学などの応用では克服すべき大きな課題となっている．

「次元の呪い」を克服するために用いることのできるもう一つの設定が「平均的ケースの設定」と呼ばれるもので，問題要素のクラスの上に確率分布を

仮定しその平均を考えるのである．この方向の研究が，第 2 部のテーマである超一様分布列を用いた積分法と深く関連するので，次の小節ではこれについて紹介しよう．

5.3.3.1 平均的ケースの設定における最適アルゴリズム

問題のクラス F の上に確率測度 μ を仮定すると，平均的ケースの設定における計算複雑性が

$$e(U) \equiv e^{\mathrm{avg}}(U) := \left(\int_F e(U, f)^2 \, \mu(df) \right)^{1/2},$$

$$\mathrm{cost}(U) \equiv \mathrm{cost}^{\mathrm{avg}}(U) := \int_F \mathrm{cost}(U, f) \, \mu(df)$$

として一般的に定義できる．平均的ケースの設定では，問題要素に対する平均誤差 $e(U)$ が高々 ε となるという保証が与えられる．したがって，ε 複雑性つまり $\mathrm{comp}^{\mathrm{avg}}$（式 (5.9) 参照）は最小期待コストを意味している．明らかに

$$\mathrm{comp}^{\mathrm{avg}}(\varepsilon) \leq \mathrm{comp}^{\mathrm{worst}}(\varepsilon)$$

なので，この設定に変更することにより「次元の呪い」を克服できる可能性が生まれてくる．

まず，滑らかさを $r = 0$ としよう．つまり被積分関数を連続関数のクラス $C^0([0,1]^s)$ から選ぶとする．さらに，被積分関数の空間上の測度は Wiener シート測度，つまり，平均 0 で共分散カーネル $K_s(\boldsymbol{x}, \boldsymbol{y})$ が，s 次元単位超立方体内の任意の 2 点 $\boldsymbol{x} = (x_1, ..., x_s)$ および $\boldsymbol{y} = (y_1, ..., y_s)$ に対して，

$$K_s(\boldsymbol{x}, \boldsymbol{y}) := \int_{C^0([0,1]^s)} f(\boldsymbol{x}) f(\boldsymbol{y}) \, W(df) = \prod_{i=1}^{s} \min(x_i, y_i)$$

となるようなガウス測度 W であると仮定する．Brown 運動の研究から生じたこの測度は，最もよく知られるガウス測度である．次に，L_2 ディスクレパンシーの定義 4.1.6 を次のように一般化する．N 点集合 $P_N = \{X_0, ..., X_{N-1}\}$ の各点 $X_n, n = 0, ..., N - 1$, に重み w_n が対応しているときに

$$T_s^*(w, P_N) = \left(\int_{[0,1]^s} \left(\sum_{n=0}^{N-1} w_n \chi_I(X_n) - \alpha_1 \cdots \alpha_s \right)^2 d\alpha_1 \cdots d\alpha_s \right)^{1/2}$$

と定義するのである．この定義で $w_n = 1/N$, $n = 0, ..., N-1$, とすれば，L_2 ディスクレパンシーに一致することが分かる．そのとき，Woźniakowski[110] は次の定理を証明した．

定理 5.3.2 連続関数のクラス $C^0([0,1]^s)$ に対して Wiener シート測度 W を与える時，点集合 $P_N = \{(x_n^{(1)}, ..., x_n^{(s)}) \mid n = 0, ..., N-1\}$ を用いた積分公式

$$Q_N(f; w) = \sum_{n=0}^{N-1} w_n f(x_n^{(1)}, ..., x_n^{(s)})$$

に関して，

$$\left(\int_{C^0([0,1]^s)} (I(f) - Q_N(f; w))^2 W(df) \right)^{1/2} = T_s^*(w, \overline{P}_N)$$

が成り立つ．ここで $\overline{P}_N = \{(1 - x_n^{(1)}, ..., 1 - x_n^{(s)}) \mid n = 0, ..., N-1\}$ とする．

証明は，Fubini の定理を用いて

$$\int_{C^0([0,1]^s)} (I(f) - Q_N(f; w))^2 W(df)$$

$$= \int_{C^0([0,1]^s)} \left(\int_{[0,1]^s \times [0,1]^s} f(\boldsymbol{x}) f(\boldsymbol{y}) d\boldsymbol{x} d\boldsymbol{y} - 2 \sum_{n=0}^{N-1} \int_{[0,1]^s} w_n f(X_n) f(\boldsymbol{y}) d\boldsymbol{y} \right.$$

$$\left. + \sum_{n=0}^{N-1} \sum_{m=0}^{N-1} w_n w_m f(X_n) f(X_m) \right) W(df)$$

$$= \int_{[0,1]^s \times [0,1]^s} K_s(\boldsymbol{x}, \boldsymbol{y}) d\boldsymbol{x} d\boldsymbol{y} - 2 \sum_{n=0}^{N-1} \int_{[0,1]^s} w_n K_s(X_n, \boldsymbol{y}) d\boldsymbol{y}$$

$$+ \sum_{n=0}^{N-1} \sum_{m=0}^{N-1} w_n w_m K_s(X_n, X_m)$$

が得られることから，(4.1) の一般化であることが導かれる．

さらに，Woźniakowski はこの一般化した L_2 ディスクレパンシー $T_s^*(w, P_N)$ に対しても Roth の定理 4.1.7 が成立することを示した．つまり，このような一般化をしても最良な下界は Roth の定理と同じオーダーになるのである．したがって，

$$\text{comp}^{\text{avg}}(\varepsilon, s) = \Theta \left(c(s) \frac{1}{\varepsilon} \left(\log \frac{1}{\varepsilon} \right)^{\frac{s-1}{2}} \right) \tag{5.20}$$

が得られる．ノルムの性質から L_2 ディスクレパンシーは L_∞ ディスクレパン

シー以下なので，結局，超一様分布列を用いたときが平均的ケースの設定における（ほぼ）最適なアルゴリズムとなる[11]．これらの結果は，超一様分布列が漸近的にはモンテカルロ法の $1/\varepsilon^2$ より優れていることを意味している．しかし $(\log \frac{1}{\varepsilon})^{(s-1)/2}$ という項は次元 s が非常に大きければ同様に大きくなっていくことに注意したい．

[11) Chen と Skriganov [10] による点列および Dick と Pillichshammer [15] による点列は最適アルゴリズムになっている．

では，滑らかさ $r > 0$ を考慮するとどうなるだろう．Paskov [59] は

$$\mathrm{comp}^{\mathrm{avg}}(\varepsilon, s) = \Theta\left(c(s)\left(\frac{1}{\varepsilon}\right)^{\frac{1}{r+1}}\left(\log\frac{1}{\varepsilon}\right)^{\frac{s-1}{2(r+1)}}\right)$$

を証明した．$r = 0$ の場合が，もとの Woźniakowski の定理に対応しているので，この結果はその一般化となっているが，最適アルゴリズムは未だ与えられていない．$r = 0$ の場合では，Brown 運動の上での平均として積分誤差が求められることになるが，ここでは，もっと一般に r 回微分したものが Brown 運動となるような滑らかな関数のクラスでの平均を考えている．

いままで，この章で示した計算複雑性に関する結果は Θ 記号で表現されていたが，それではどのように ε に依存するかがわかっても，s や r に依存する項については不明だった．多くの応用において生じる高次元問題に対してはこれらの項は重要である．Wasilkowski と Woźniakowski [107, 108] は連続関数の積分に対する平均的ケースの設定における ε 複雑性の上界を次元 s に関しても明示的に求めることに成功したので次にその結果を紹介しよう．

まず，測度は $[0,1]^s$ 上連続な関数の空間 $C^0([0,1]^s)$ におけるウィーナーシート測度 W であるため

$$\int_{C^0([0,1]^s)} \left(\int_{[0,1]^s} f(x)\,dx\right)^2 W(df) = 3^{-s}$$

であることは確認できる．よって $\varepsilon \geq 3^{-s/2}$ の場合はゼロアルゴリズム[12]がゼロコストで ε 近似を計算する．そして $\varepsilon < 3^{-s/2}$ の場合は，1 変数関数 $g(x)$ に対する積分公式

[12) 入力にかかわらず，出力がゼロになるアルゴリズムをいう．

$$S^k(g) = \frac{2}{2n_k + 1}\sum_{j=1}^{n_k} g\left(\frac{2j}{2n_k + 1}\right), \qquad k \geq 1$$

を 1 次元アルゴリズムとする Smolyak の公式（詳しくは例 5.2.2 参照）を用いることにする．するとこの公式の平均コスト $T_s^*(w, P_N)$ の上界が

$$3.304(c(s)+2)\left(1.77959+\frac{2.714}{s-1}\left(-1.12167+\log\frac{1}{\varepsilon}\right)\right)^{\frac{3(s-1)}{2}}\frac{1}{\varepsilon}$$

という形で得られ，ε 複雑性の明示的な上界を与える．この上界は，

$$O\left(c(s)\frac{1}{\varepsilon}\left(\log\frac{1}{\varepsilon}\right)^{\frac{3(s-1)}{2}}\right)$$

と書けることから，この問題の ε 複雑性 (5.20) と比べてみると，$1/\varepsilon$ の指数は一致しているが，$\log(1/\varepsilon)$ の指数はかなり大きくなっている．彼らはこの結果にさらにランダマイゼーションを導入することによって，最終的に K を正定数として

$$K(c(s)+2)\left(\frac{1}{\varepsilon}\right)^{1.4778\ldots}$$

という上界を与えることに成功した．これによって「次元の呪い」は完全に解かれたことになる．そのうえモンテカルロ法よりも良いアルゴリズムの存在を示唆している[13]．

13) 残念ながら彼らの証明は存在証明である．

　前節で，金融工学では金利変動のモデル化を Brown 運動を用いて行っていることを述べた．さらに上にも述べたとおり，平均的ケースの設定における（ほぼ）最適なアルゴリズムが超一様分布列であり，それらがモンテカルロ法より（少なくとも漸近的には）高速な方法であることが示された．そして，ここでいう平均的ケースの設定とは，Wiener シート測度，言い換えれば多次元 Brown 運動に関して求められたものだったことを思い出す必要がある．つまり，超一様分布列の有効性が生かせる問題のクラスと金融工学とがここで結びつくのである．このことを考えれば，超一様分布列を金融工学の問題に適用することを IBC の研究者たちが思いついたのは極めて自然だったことがわかる．

　この章の冒頭にも述べたとおり，1990 年代にウォール街の金融機関においてデリバティブの価格計算に超一様分布列が広く用いられ大きな成功をおさめたのであるが，その一端を垣間見るために，先に説明した MBS 価格計算のための高次元積分をモンテカルロ法で計算した場合と超一様分布列で計算した場合の具体例 [88] を次に示そう．

例 5.3.3 [MBS 計算高速化の例]

この数値実験では，次のパラメーター

$$(C, r_0, K_0, K_1, K_2, K_3, K_4, \sigma) = (1, .00625, .98, .24, .134, -261.17, 12.72, .2)$$

を用いた．$\mathbb{E}[P]$ の値をいくつかの計算方式を組み合わせて数百万サンプル使って求めた結果は 143.0182 であった [88]．また，ここでは二つの異なる超一様分布列，Faure 列（注 4.2.9 参照）と一般化 Faure 列（定義 4.2.12 および [86] 参照）を用いている．図 5.4 に収束の様子を示す．乱数列と超一様分布列の比較である．実線 (MBS.MC) は乱数列（モンテカルロ法）の結果を示す．二つの破線 (MBS.faure および MBS.gfaure) は，それぞれ Faure 列と一般化 Faure 列の結果である．この結果から次の二つの比較が可能となる．

1. 乱数列 vs. 一般化 Faure 列
2. Faure 列 vs. 一般化 Faure 列

である．まず第 1 点については，図 5.4 において 1000 サンプル点のところでみると一般化 Faure 列の結果はほぼ収束しているが，乱数列の結果は一般化 Faure 列に比べ約 1 桁精度が低くなっている．もともとモンテカルロ法は確率的な手法であり，それに対し超一様分布列は決定論的な手法なので，両者の収束のスピードを比較するのも簡単ではないが，よく使われる一つの考え方は精度が一桁違うということに着目するもので，それに従えばモンテカルロ法では一桁精度を上げるのにさらに 100 倍の計算時間を必要とすることから，「超一様分布列はモンテカルロ法より約 100 倍のスピードアップが得られた」ということができる．第 2 点についていえば，Faure 列も一般化 Faure 列もどちらも超一様分布列であり，そのデイスクレパンシーの理論的上界は（すくなくとも現時点では）同じである．にもかかわらず，実用上の有効性は著しく異なっている．Faure 列では生成された点の分布が非常に規則的であることがその原因であろうと考えられているが今のところ理論はない．

上で示した数値例は MBS の一例にすぎないが，他のさまざまな種類のデリバティブ価格計算問題に対しても，超一様分布列によって同様の著しい高速化が得られることが多くの研究者，実務家によってすでに確認されており [31, 37, 58, 60, 88]．現在では，超一様分布列は金融工学の現場では欠かせない技術となっている．しかし，誰でも不思議に感じるのは「数百次元もの高次元空間からわずか数千サンプル選ぶのに，ランダムに選ぶか超一様に選ぶかで，どうしてそのような大きな違いが生れるのか？」ということである．まさに，その謎をいかに解明するかが 20 年来の未解決問題となっている [101, 111]．この話題については第 6 章で詳しく紹介したい．

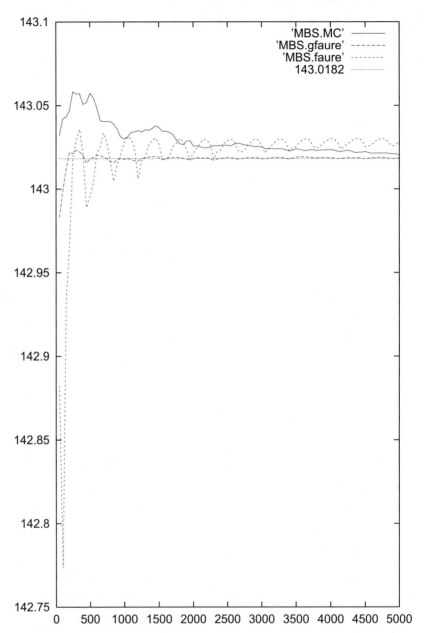

図 5.4　乱数列（モンテカルロ法）と超一様分布列の収束の比較：MBS 価格計算の例（縦軸が価格，横軸はサンプル数）

5.3.4 Koksma–Hlawka の定理の一般化

Woźniakowski の定理（定理 5.3.2）は，L_2 ディスクレパンシーと積分誤差を直接結びつけた興味深いものであり，先に述べた Koksma–Hlawka の定理と同様，超一様分布列の積分計算への応用を後押しする重要な結果である．そのような観点から，Koksma–Hlawka の定理をもっと一般化して実用的なものにしようという Hickernell の研究 [26] があるので，以下では，そこで使われているアプローチを直感的に紹介しよう．

まず，積分誤差というものを被積分関数 f に演算子 $I - Q_N$ を施したものと見る．そして Riesz の定理を応用して，演算子と等価な働きをする「リプリゼンター」と呼ばれる関数 ξ を考え，積分誤差を ξ と f の内積 (ξ, f) として表現するのである．そうすると，Cauchy–Schwarz の不等式（もっと一般に Hölder の不等式）を適用することで，積分誤差の上界が得られることになる．この上界は，Koksma–Hlawka の定理と同じく，二つのまったく意味の異なる量の積で表されている．一つはリプリゼンターのノルムであり，これはディスクレパンシーの一般化と考えられる．もう一つは被積分関数のノルムであり，関数の変動を表している．

問題は，リプリゼンターがどういう条件で存在し，またどのようにすればそれを構成できるかである．この問題に対する一つの答えが，「再生カーネルのついた Hilbert 空間」である．再生カーネル $K(x, y)$ とは読んで字のごとく，そのクラスに属するすべての関数 f に対して

$$f(x) = (K(x, \cdot), f)$$

となるような 2 変数の関数を指している．下に簡単な例を示そう．

例 5.3.4 [1 次元における再生カーネルの例]
次のような内積をもち，

$$(f, g) := \int_0^1 f'(x) g'(x) dx$$

$f(1) = 0$ を満たす関数からなる Hilbert 空間 $\mathcal{H}$ を考える．すると

$$K(x, y) = \min(1 - x, 1 - y) = 1 - \max(x, y)$$

は，任意の $f \in \mathcal{H}$ に対して

$$(K(x,\cdot),f) = \int_0^1 f'(y)\frac{d}{dy}K(x,y)dy = -\int_0^1 f'(y)\frac{d}{dy}\max(x,y)dy$$

$$= -\int_x^1 f'(y)dy = -f(1) + f(x) = f(x)$$

を満たすことから，$\mathcal{H}$ の再生カーネルであることがわかる．

　一般に再生カーネルを使えば，

$$(\mathrm{I} - \mathrm{Q}_N)f(x) = (\mathrm{I} - \mathrm{Q}_N)(K(x,\cdot),f) = ((\mathrm{I} - \mathrm{Q}_N)K(x,\cdot),f)$$

により，リプリゼンターは，

$$\xi(x) = (\mathrm{I} - \mathrm{Q}_N)K(x,\cdot)$$

となる．つまり，「リプリゼンターは，再生カーネルに演算子 $\mathrm{I} - \mathrm{Q}_N$ を施せば得られる」という重要な性質が導かれる．以上のことから，次の不等式が得られる．

$$|\mathrm{I}(f) - \mathrm{Q}_N(f)| \leq \|\mathrm{I} - \mathrm{Q}_N\|_2 \|f\|_2 = \|\xi\|_2 \|f\|_2$$

これは，Koksma–Hlawka の定理の一般化になっている．また，リプリゼンターのノルムは，第 4 章第 1 節の最後に述べたディスクレパンシーの一般化とみなせることに注意したい．

　一つの例として，次のような s 次元単位超立方体上の再生カーネル

$$K_s(\boldsymbol{x},\boldsymbol{y}) = \prod_{i=1}^s \left(1 + \min(1 - x_i, 1 - y_i)\right) = \sum_{u \subseteq \{1,\ldots,s\}} \prod_{i \in u} \min(1 - x_i, 1 - y_i)$$

をもった Hilbert 空間を考えよう．この場合は Zaremba–Sobol' の等式[14]（[68, p.9], [77, p.1-68] 参照）が導かれる．つまり s 変数関数 f が絶対連続かつ各方向について 1 階偏導関数が絶対可積分であるとき，積分誤差に関して

$$\mathrm{I}(f) - \mathrm{Q}_N(f) = \sum_{\emptyset \neq u \subseteq \{1,\ldots,s\}} (-1)^{|u|} \int_{[0,1]^{|u|}} d^*(\boldsymbol{x}_u, 1) \frac{\partial^{|u|}}{\partial x_u} f(\boldsymbol{x}_u, 1) d\boldsymbol{x}_u \quad (5.21)$$

が成立するのである[15]．ここで，$d^*(\boldsymbol{x}) = d^*(x_1,\ldots,x_s)$ は局所ディスクレパンシーであり，

$$d^*(\boldsymbol{x}) = x_1 x_2 \cdots x_s - \frac{\#([\boldsymbol{0},\boldsymbol{x}); P_N)}{N}$$

[14]「Hlawka–Zaremba の等式」と呼ぶ人もいる [53, p.54].

[15] 有限区間の積分なので，自乗可積分関数は絶対可積分関数になることに注意．

と表わすことができる.

Zaremba–Sobol' の等式 (5.21) の右辺に Cauchy–Schwarz の不等式を適用すれば, Koksma–Hlawka の定理を一般化した

$$\left|\mathrm{I}(f) - \mathrm{Q}_N(f)\right| \leq ||f||_2 \overline{T}_s^*(P_N)$$

が得られる. ここで,

$$||f||_2 = \left(\sum_{u \subseteq \{1,...,s\}} \int_{[0,1]^{|u|}} \left(\frac{\partial^{|u|}}{\partial \boldsymbol{x}_u} f(\boldsymbol{x}_u, 1) \right)^2 d\boldsymbol{x}_u \right)^{1/2}$$

$$\overline{T}_s^*(P_N) = \left(\sum_{\emptyset \neq u \subseteq \{1,...,s\}} \int_{[0,1]^{|u|}} d^*(\boldsymbol{x}_u, 1)^2 d\boldsymbol{x}_u \right)^{1/2}$$

$$= \left(\sum_{\emptyset \neq u \subseteq \{1,...,s\}} T_{|u|}^*(P_N^u)^2 \right)^{1/2}$$

である. また, P_N^u は $|u|$ 次元空間 $\{\boldsymbol{x}_u \in [0,1]^{|u|}\}$ への点集合 P_N の射影とする. 注意したいことは, $||f||_2$ では $u = \emptyset$ のとき(すなわち, $f(1,...,1)^2$)も和に含まれていることである. こうしておかないと関数ノルムの定義を満たさないことになる. さらに $\overline{T}_s^*(P_N)$ は先に定義した L_2 ディスクレパンシー $T_s^*(P_N)$ の一般化になっていることも興味深い.

6 理論構築の試み

6.1 Sobol'の理論

　先にも述べたとおり，高次元積分計算において超一様分布列がモンテカルロ法より有効であるのはせいぜい10次元ぐらいまでであると，長い間研究者の間では理解されていた．実際それを裏づけるような被積分関数の例を作ることも難しくなかった．その意味ではこの話はすでに決着していた問題だったが，応用分野によっては50次元でも超一様分布列が非常に有効な分野があることは，Sobol'によって60年代から指摘されていた [73]．彼は旧ソビエトにおいて水爆開発に携わった関係から，中性子，ガンマ線などの素粒子の散乱に関連するモンテカルロシミュレーションの高速化を専門としており，この分野で現れる高次元積分問題には共通の特徴があることを見出したのだった．それは各変数の被積分関数に対する重要性が同じではないというもので，その特徴のゆえに10次元を超えても超一様分布列が高い有効性をもつと彼は考えていた．そして具体的に次のような被積分関数の例を使ってその考え方を説明している [74]．

$$f(x_1,...,x_s) = \prod_{i=1}^{s} \frac{|4x_i - 2| + a_i}{1 + a_i} \tag{6.1}$$

ここで，係数 $a_1,...,a_s$ は次の四つの場合を考える．

(1) $a_i = 0.01, \quad i = 1,...,s$
(2) $a_i = 1, \quad i = 1,...,s$
(3) $a_i = i, \quad i = 1,...,s$
(4) $a_i = i^2, \quad i = 1,...,s$

最初の二つでは，各変数の被積分関数 $f(x_1,...,x_s)$ に対する重要性は同じに

なっている．残りの二つでは，x_1 の重要性が最も高く，添え字が増えるにしたがって重要性が低くなるように作られている．これは，核分裂連鎖反応において素粒子が衝突・散乱を繰り返すにつれてエネルギーを失っていくことに対応している．また，

$$\int_{[0,1]^s} f(x_1,...,x_s) dx_1 \cdots dx_s = 1$$

となるように作られているので，相対誤差は絶対誤差に一致している．

容易に計算できることだが

$$f^* = \sup_{(x_1,...,x_s) \in [0,1]^s} f(x_1,...,x_s) = \prod_{i=1}^{s} \frac{2+a_i}{1+a_i}$$

であり，上の四つの場合についてはそれぞれ

(1) $\quad f^* = \left(\frac{2.01}{1.01}\right)^s$

(2) $\quad f^* = \left(\frac{3}{2}\right)^s$

(3) $\quad f^* = 1 + \frac{s}{2}$

(4) $\quad f^* = O(1)$

となる．彼は Sobol' 列を用いた数値実験を行い，最初の二つの場合はモンテカルロ法と大差なく収束のスピードは $O(N^{-1/2})$ であり，残りの二つではモンテカルロ法より超一様分布列のほうが速く収束し，とくに4番目では $O(N^{-1})$ の収束スピードとなることを確認している．この例から，f^* が次元 s に関して急速に増大するときほどモンテカルロ法との違いがなくなるということがわかる．

Sobol'[72] は，高次元被積分関数に対する各変数の重要性を分析するための道具として，s 変数関数 $f(x_1,...,x_s)$ の ANOVA(Analysis of Variance) 分解という考え方を提案した．一般に $f(x_1,...,x_s)$ の ANOVA 分解は

$$f(x_1,...,x_s) = \alpha_\emptyset + \sum_{i=1}^{s} \alpha_i(x_i) + \sum_{1 \leq i < j \leq s} \alpha_{i,j}(x_i, x_j) + \cdots + \alpha_{1,...,s}(x_1,...,x_s) \tag{6.2}$$

のようになる．ここで，右辺の関数 $\alpha_\emptyset, \alpha_1(x_1), ..., \alpha_{1,...,s}(x_1,...,x_s)$ は次のように再帰的に計算する．まず，

$$\alpha_\emptyset := \int_{[0,1]^s} f(x_1,...,x_s) dx_1 \cdots dx_s = \mathrm{I}(f)$$

である．次に 1 変数関数 $\alpha_1(x_1),...,\alpha_d(x_s)$ は，

$$\alpha_i(x_i) := \int_{[0,1]^{s-1}} \bigl(f(x_1,...,x_s) - \alpha_\emptyset\bigr) d\boldsymbol{x}_u$$

により求める．ここで，$d\boldsymbol{x}_u = \prod_{k \in u} dx_k$ とし，$u = \{1,...,s\} - \{i\}$ とする．その次に，2 変数関数 $\alpha_{i,j}(x_i.x_j)$, $1 \le i < j \le s$ は

$$\alpha_{i,j}(x_i, x_j) := \int_{[0,1]^{s-2}} \Bigl(f(x_1,...,x_s) - \alpha_\emptyset - \sum_{k=1}^{s} \alpha_k(x_k)\Bigr) d\boldsymbol{x}_u$$

となる．ここで，$u = \{1,...,s\} - \{i,j\}$ である．同様にして，最後の $\alpha_{1,...,s}(x_1,...,x_s)$ まで求める．

上の計算式を順番に見ていくと，まず，与えられた関数 $f(x_1,...,x_s)$ をその積分値 $\mathrm{I}(f)$(つまり定数関数) で近似する．そして，その定数部分を引き去った残りを今度は 1 変数関数だけで近似する．さらに，またその残りの部分を今度は 2 変数関数だけで近似するという具合になっているのがわかる．以下，$\alpha_{i_1,...,i_k}(x_{i_1},...,x_{i_k})$ を $\alpha_u(\boldsymbol{x}_u)$ であらわすことにする．ここで，$u = \{i_1,...,i_k\} \subseteq \{1,...,s\}$ である．すると，各 $\alpha_u(\boldsymbol{x}_u)$ が意味しているのは，変数の部分集合 $X^u = \{x_i \mid i \in u\}$ が $f(x_1,...,x_s)$ に対して与える影響のうち X^u の真部分集合の影響を引き去ったものということになる．

ANOVA 分解の具体的な例を見てみよう．

例 **6.1.1** 次の関数を上の定義に従って ANOVA 分解してみる．

$$f(x_1, x_2, x_3) = x_1 x_2 x_3$$

まず，

$$\alpha_\emptyset = \int_{[0,1]^3} x_1 x_2 x_3 \, dx_1 dx_2 dx_3 = \frac{1}{8}$$

次に

$$\alpha_1(x_1) = \int_{[0,1]^2} \Bigl(x_1 x_2 x_3 - \frac{1}{8}\Bigr) dx_2 dx_3 = \frac{1}{4}\Bigl(x_1 - \frac{1}{2}\Bigr)$$

$$\alpha_2(x_2) = \int_{[0,1]^2} \Bigl(x_1 x_2 x_3 - \frac{1}{8}\Bigr) dx_1 dx_3 = \frac{1}{4}\Bigl(x_2 - \frac{1}{2}\Bigr)$$

$$\alpha_3(x_3) = \int_{[0,1]^2} \left(x_1 x_2 x_3 - \frac{1}{8}\right) dx_1 dx_2 = \frac{1}{4}\left(x_3 - \frac{1}{2}\right)$$

さらに，

$$\alpha_{1,2}(x_1, x_2) = \int_0^1 \left(x_1 x_2 x_3 - \frac{x_1 + x_2 + x_3}{4} + \frac{1}{4}\right) dx_3 = \frac{1}{2}\left(x_1 - \frac{1}{2}\right)\left(x_2 - \frac{1}{2}\right)$$

$$\alpha_{1,3}(x_1, x_3) = \int_0^1 \left(x_1 x_2 x_3 - \frac{x_1 + x_2 + x_3}{4} + \frac{1}{4}\right) dx_2 = \frac{1}{2}\left(x_1 - \frac{1}{2}\right)\left(x_3 - \frac{1}{2}\right)$$

$$\alpha_{2,3}(x_2, x_3) = \int_0^1 \left(x_1 x_2 x_3 - \frac{x_1 + x_2 + x_3}{4} + \frac{1}{4}\right) dx_1 = \frac{1}{2}\left(x_2 - \frac{1}{2}\right)\left(x_3 - \frac{1}{2}\right)$$

そして最後に

$$\alpha_{1,2,3}(x_1, x_2, x_3) = \left(x_1 - \frac{1}{2}\right)\left(x_2 - \frac{1}{2}\right)\left(x_3 - \frac{1}{2}\right)$$

となる．

例 6.1.2 次の関数

$$f(x_1, ..., x_s) = \prod_{k=1}^{s} \sin(2\pi k x_k)$$

の ANOVA 分解は

$$\alpha_{1,...,s}(x_1, ..., x_s) = f(x_1, ..., x_s)$$

となる．つまり，残りすべての $u \subset \{1, ..., s\}$ に対して $\alpha_u(\boldsymbol{x}_u) = 0$ となる．

ANOVA 分解によって得られた関数 $\alpha_\emptyset, \alpha_1(x_1), \alpha_2(x_2), ..., \alpha_{1,...,s}(x_1, ..., x_s)$ にはいくつかの興味深い性質がある．その第一は，$\alpha_\emptyset$ 以外のすべての関数 $\alpha_u(\boldsymbol{x}_u)$ が，任意の $i \in u$ に対して

$$\int_0^1 \alpha_u(\boldsymbol{x}_u) dx_i = 0 \tag{6.3}$$

を満たしていることである．この性質は，次のように 1 変数関数 $\alpha_i(x_i)$ から順番に見ていくことでわかる．定義から，

$$\int_0^1 \alpha_i(x_i) dx_i = \int_{[0,1]^s} \left(f(x_1, ..., x_s) - \alpha_\emptyset\right) d\boldsymbol{x} = 0$$

である．次に $u = \{1, ..., s\} - \{j\}$ として

$$\int_0^1 \alpha_{i,j}(x_i, x_j)dx_i = \int_{[0,1]^{s-1}} \Big(f(x_1,...,x_s) - \alpha_\emptyset - \sum_{k=1}^s \alpha_k(x_k)\Big)d\boldsymbol{x}_u$$
$$= \alpha_j(x_j) - \int_{[0,1]^{s-1}} \sum_{k=1}^s \alpha_k(x_k)d\boldsymbol{x}_u$$
$$= \alpha_j(x_j) - \alpha_j(x_j)$$
$$= 0$$

がわかる．以下同様．さて，式 (6.3) を使うといろいろなことがわかる．まず $\alpha_\emptyset$ 以外の関数はすべて

$$\mathrm{I}(\alpha_u) = \int_{[0,1]^s} \alpha_u(\boldsymbol{x}_u)dx_1\cdots dx_s = 0$$

となっている．つまり関数 $\alpha_u(\boldsymbol{x}_u)$ の積分値は 0 である．そしてこのことから，関数 $\alpha_u(\boldsymbol{x}_u)$ の直交性が導ける．$u,v \subseteq \{1,...,s\}$ かつ $u \neq v$ とすると，

$$\int_{[0,1]^s} \alpha_u(\boldsymbol{x}_u)\alpha_v(\boldsymbol{x}_v)dx_1\cdots dx_s = 0$$

が成立する．なぜなら，$k \in u$ かつ $k \notin v$ となる k が常に存在して，

$$\int_0^1 \alpha_u(\boldsymbol{x}_u)\alpha_v(\boldsymbol{x}_v)dx_k = \alpha_v(\boldsymbol{x}_v)\int_0^1 \alpha_u(\boldsymbol{x}_u)dx_k = 0$$

となるからである．

この直交性を用いれば，$f(x_1,...,x_s)$ の分散は

$$\mathbb{V}(f) = \int_{[0,1]^s} \big(f(x_1,...,x_s) - \alpha_\emptyset\big)^2 d\boldsymbol{x} = \sum_{|u|>0} \mathbb{V}(\alpha_u) \qquad (6.4)$$

と書けることがわかる．ここで，

$$\mathbb{V}(\alpha_u) = \int_{[0,1]^s} \alpha_u(\boldsymbol{x}_u)^2 dx_1\cdots dx_s$$

である．つまり，$f(x_1,...,.x_s)$ の分散は，各 $\alpha_u(\boldsymbol{x}_u)$ の分散の和になっている．そしてこの性質こそが，関数の分散分析 (analysis of variance) と名づけられたゆえんであり，与えられた関数の分散の構造を解析する道具としてこの ANOVA 分解が用いられる理由である．また，もう一つ重要なことは，$f(x_1,...,x_s)$ を少ない変数の関数から順番に分解していることである．少ない変数の関数とは低次元関数という意味なので，見かけ上はたとえ高次元（例えば 100 次元とか 1000 次元）でも低次元関数でよく近似されるのであれば，

実質その関数は低次元関数とみなせることになる.

Sobol' [75] は各変数が同じ重要性をもつ場合でも超一様分布列がモンテカルロ法に対してはるかに有効なときがあることを次のような被積分関数の例をあげて説明している.

$$f(x_1,...,x_s) = \prod_{i=1}^{s} \left(1 + c\left(x_i - \frac{1}{2}\right)\right) \tag{6.5}$$

ここで,

$$\int_{[0,1]^s} f(x_1,...,x_s)dx_1 \cdots dx_s = 1$$

となっていることに注意したい.

この関数の ANOVA 分解は,関数を c に関する多項式として展開したものと一致する.つまり,

$$f(x_1,...,x_s) = 1 + \sum_{k=1}^{s} c^k \sum_{i_1 < \cdots < i_k} \left(x_{i_1} - \frac{1}{2}\right) \cdots \left(x_{i_k} - \frac{1}{2}\right)$$

である.ここで,

$$\mathbb{V}(f) = \left(1 + \frac{c^2}{12}\right)^d - 1$$

かつ

$$\mathbb{V}(\alpha_u) = \left(\frac{c^2}{12}\right)^{|u|}$$

であることは容易に計算できる.これからわかるように,この場合は各変数の被積分関数に対する重要性は同じになっている.

また,最初の例と同じく f^* を計算してみると

$$f^* = f(1,...,1) = \left(1 + \frac{c}{2}\right)^s \approx \exp\left(\frac{sc}{2}\right), \quad s \to \infty$$

となる.したがって,もし $c = O(1)$ ならば,f^* の値が急激に大きくなるので,超一様分布列は有効性を失うことになる.また $c = O(1/s)$ の場合には超一様分布列が有効性を発揮することが予想されるが,Sobol' 列を用いた数値実験はそれを裏づけている [75].

6.2 実効次元 (effective dimension)

　第2部で述べたような超一様分布列に関する定理では，ディスクレパンシーの漸近的な上界を与えることが研究の主流だった．つまり，サンプル数 N が次元 s に比べて十分大きい場合の議論である．ところが，第3部で紹介した MBS 価格計算の例（例 5.4 参照）では $N \leq 5000$ かつ $s = 360$ であり，サンプル数が次元より十分大きいとは決していえない．この "少ない数のサンプルでも積分計算を高速化できる" という結果は，ファイナンスの現場においてビジネスとしての大きなインパクトを与えただけではなく，多くの優れた計算機科学者，数学者，金融理論家の興味をも引きつけている．どう考えても，デリバティブ価格計算に現れる被積分関数は，なにか特殊な性質をもっているはずである．この謎を解明すべくいくつかの考え方が提案されている．そのなかの有力なものの一つが「実効次元」という考え方である．例えば式 (5.1) をよく見ると変数 r_i のなかでも添え字の小さい変数ほど被積分関数に対して重要な役割をしていることがわかる．つまり，この積分は見かけの次元は 360 でも，「実効次元」が非常に小さいために積分計算が高速にできたのだろうという考え方である．最初にこのような考え方から「実効次元」という言葉を持ち出したのは Paskov [60] だったが，数学的な定義を具体的に提案するまでには至らなかった．しばらくして，Caflisch ら [9] は，被積分関数 $f(x_1,...,x_s)$ の ANOVA 分解（式 (6.4) 参照）を用いて，次のような定義を提案した．

「切り捨てに基づく実効次元」
$$D^{\text{trunc}} := \min\left(k \,\middle|\, \sum_{u \subseteq \{1,2,...,k\}} \mathbb{V}(\alpha_u) \geq 0.99\mathbb{V}(f)\right)$$

「上重ねに基づく実効次元」
$$D^{\text{super}} := \min\left(k \,\middle|\, \sum_{0<|u|\leq k} \mathbb{V}(\alpha_u) \geq 0.99\mathbb{V}(f)\right)$$

ここで，0.99 という数字そのものには深い意味はなく，1 に近い実数であればなんでもよい．

　「切り捨てに基づく実効次元」は，Sobol' の例 (6.1) の 3，4 番に対応している．各変数 $x_i, i = 1,...,s,$ の被積分関数に対する重要性が添え字が大きくなるほど小さくなるような場合である．「上重ねに基づく実効次元」は Sobol'

の例 (6.5) に対応している．ここでは，各変数 $x_i, i = 1, ..., s$, の被積分関数に対する重要性は同じである．自明なことだが $D^{\mathrm{super}} \leq D^{\mathrm{trunc}}$ が成立している．

その後しばらくして，Owen [55] と Asotsky ら [4] は独立に「平均実効次元」なるものを次のように定義した．

$$D^{\mathrm{avg}} := \sum_{k=1}^{s} \frac{k \sum_{|u|=k} \mathbb{V}(\alpha_u)}{\mathbb{V}(f)}$$

「平均」という言葉は

$$\sum_{k=1}^{s} \frac{\sum_{|u|=k} \mathbb{V}(\alpha_u)}{\mathbb{V}(f)} = \sum_{\emptyset \neq u \subseteq \{1,...,s\}} \frac{\mathbb{V}(\alpha_u)}{\mathbb{V}(f)} = 1$$

となることからきている．この定義のメリットは，先にあげた二つの定義「切り捨てに基づく実効次元」「上重ねに基づく実効次元」とは異なり恣意的なパラメーター (0.99) が含まれていないことである．

定義からわかるように，D^{avg} は $1 \leq D^{\mathrm{avg}} \leq s$ を満たす実数値をとることになる．

$$D_1^{\mathrm{avg}} := \sum_{i=1}^{s} \frac{\mathbb{V}(\alpha_i)}{\mathbb{V}(f)} \leq 1$$

と定義すると，もし被積分関数が1変数関数の線形結合で表される場合は $D^{\mathrm{avg}} = D_1^{\mathrm{avg}} = 1$ である．そして

$$D^{\mathrm{avg}} = D_1^{\mathrm{avg}} + \sum_{k=2}^{s} \frac{k \sum_{|u|=k} \mathbb{V}(\alpha_u)}{\mathbb{V}(f)} \geq D_1^{\mathrm{avg}} + 2(1 - D_1^{\mathrm{avg}}) = 2 - D_1^{\mathrm{avg}}$$

となることから，積分問題が2変数関数の線形結合までで表現されるとすると，

$$1 \leq D^{\mathrm{avg}} \leq 2$$

を満たしている．先にあげた例 (6.5) で見てみよう．$\lambda = c^2/12$ とおくと

$$D^{\mathrm{avg}} = \sum_{k=1}^{s} k \binom{n}{k} \frac{\lambda^k}{(1+\lambda)^s - 1} = 1 + \frac{(s-1)\lambda}{2} + O(s^2\lambda^2), \quad \lambda \ll 1$$

となるので，c が十分小さいときは，被積分関数が低次元関数のみの和で表されている場合に相当している．

実際いくつかの積分問題に対しては，超一様分布列の有効性がここで定義された「実効次元」の大きさによって変わってくることがすでに報告されて

いる．Sobol' [76] は次のような被積分関数を例にあげている．

$$f_k(x_1,...,x_s) = \frac{4^k}{s-k+1} \sum_{j=0}^{s-k} \prod_{i=1}^{k} x_{j+i}^3$$

ここで，$k \ll s$ とする．また，

$$\int_{[0,1]^s} f_k(x_1,...,x_s) dx_1 \cdots dx_s = 1$$

となっていることに注意したい．この場合も各変数の重要性は同じであるが k 次相関までしかないので，実効次元は小さいことになる．Sobol' 列を用いた彼の数値実験結果を見ると，s を非常に大きくしても k が十分小さければ，超一様分布列は有効であることがわかる．

ただし，ここで重要な点について触れておく必要がある．上にあげた 3 通りの実効次元のどれについても言えることであるが，「実効次元が小さい」ことは超一様分布列がモンテカルロ法より有効であるための十分条件にはなりえても必要条件にはなりえないという事実である [89, 95]．つまり，実効次元が非常に大きい被積分関数でも超一様分布列が有効であるようなものが存在するのである．以下に，上の 3 種の実効次元の定義のどれに対しても実効次元最大となる被積分関数で，Sobol' 列の先頭 N 点による積分誤差が $O(1/N)$ になる例を示しておこう．

まず，Walsh 関数の定義が必要になる．

$$\text{wal}(0, x) = 1, \quad \forall x \in [0, 1)$$

であり，整数 $m \geq 1$ に対して

$$\text{wal}(m, x) = (-1)^{\sum_{j=1}^{\infty} m_j a_j} = (-1)^{(\boldsymbol{m}, X)}$$

と定義される．ここで，2 進展開 $m = m_1 + m_2 2 + \cdots$ および $x = a_1 2^{-1} + a_2 2^{-2} + \cdots$ としたときの係数を用いて，2 値ベクトル $\boldsymbol{m} = (m_1, m_2, ...)$ と $X = (a_1, a_2, ...)$ は与えられる．

$k = 1, 2, ...$ に対して，整数 t_k は $2^{k-1} \leq t_k < 2^k$ を満たすものとする．また，その 2 進展開を $t_k = t_{k1} + t_{k2} 2 + \cdots + t_{kk} 2^{k-1}$ で表すことにする[1]．下三角行列 T を考え，その (k, j) 成分を t_{kj}, $j \leq k$, とする．以下では，

$$r_0^{(T)}(x) = 1, \quad \forall x \in [0, 1)$$

[1] $t_{kk} = 1$ となることに注意．

とし，$k = 1, 2, ...$ に対して

$$r_k^{(T)}(x) = \text{wal}(t_k, x)$$

と定義しておく．つまり，行列 T は Walsh 関数全体のうちのある部分集合を指していることになる．

まず，s 変数関数の列 $\phi_k(x_1, ..., x_s), k = 0, 1, 2, ...,$ を次のように定義する．

定義 6.2.1 s 個の正則な下三角行列 $T_1, ..., T_s$ が任意に与えられたとする．そのとき，

$$\phi_0(x_1, ..., x_s) = 1, \quad \forall (x_1, ..., x_s) \in [0, 1)^s$$

とし，$k = 1, 2, ...$ に対して

$$\phi_k(x_1, ..., x_s) = \prod_{i=1}^{s} r_k^{(T_i)}(x_i)$$

と定義する．

この関数を使って次のような s 変数関数のクラスを定義する．

定義 6.2.2 次の関数からなるクラスを $\mathfrak{F}_s$ と定義する．

$$f(x_1, ..., x_s) = \sum_{k=0}^{\infty} c_k \phi_k(x_1, ..., x_s)$$

ここで，係数 $c_k, k = 0, 1, ...,$ は $|c_0| + \sum_{k=1}^{\infty} |c_k| 2^{k-1} \leq M < \infty$ を満たし，M は正定数とする．

クラス $\mathfrak{F}_s$ に属する任意の関数 $f(x_1, ..., x_s)$ を ANOVA 分解してみよう．まず，準備として次の性質が必要になる．

性質 6.2.3 任意の $k = 1, 2, ...$ および任意の $i = 1, ..., s$ に対して，

$$\int_0^1 \phi_k(x_1, ..., x_s) dx_i = 0$$

が成立する．

まず次のことは容易にいえる．

$$\alpha_\emptyset = \int_{[0,1]^s} f(x_1, ..., x_s) dx_1 \cdots dx_s = c_0$$

また，Walsh 関数の直交性

$$\int_0^1 \mathrm{wal}(k,x)\mathrm{wal}(h,x)dx = 0, \qquad k \neq h$$

から，

$$\mathbb{V}(f) = \int_{[0,1]^s} \left(f(x_1,...,x_s) - c_0\right)^2 dx_1 \cdots dx_s = \sum_{k=1}^{\infty} c_k^2$$

もいえる．上の性質を使うと，任意の部分集合 $\emptyset \neq u \subset \{1,...,s\}$ に対して，$\bar{u}$ を u の補集合として

$$\begin{aligned}
\alpha_u(\boldsymbol{x}_u) &= \int_{\boldsymbol{z}_u=\boldsymbol{x}_u, \boldsymbol{z}_{\bar{u}} \in [0,1]^{|\bar{u}|}} \left(f(z_1,...,z_s) - \sum_{v \subset u} \alpha_v(z_1,...,z_s)\right) \prod_{j \in \bar{u}} dz_j \\
&= \int_{\boldsymbol{z}_u=\boldsymbol{x}_u, \boldsymbol{z}_{\bar{u}} \in [0,1]^{|\bar{u}|}} \left(f(z_1,...,z_s) - c_0\right) \prod_{j \in \bar{u}} dz_j \\
&= \int_{\boldsymbol{z}_u=\boldsymbol{x}_u, \boldsymbol{z}_{\bar{u}} \in [0,1]^{|\bar{u}|}} \sum_{k=1}^{\infty} c_k \phi_k(z_1,...,z_s) \prod_{j \in \bar{u}} dz_j \\
&= \sum_{k=1}^{\infty} c_k \int_{\boldsymbol{z}_u=\boldsymbol{x}_u, \boldsymbol{z}_{\bar{u}} \in [0,1]^{|\bar{u}|}} \phi_k(z_1,...,z_s) \prod_{j \in \bar{u}} dz_j \\
&= 0
\end{aligned}$$

および

$$\alpha_{\{1,...,s\}}(x_1,...,x_s) = f(x_1,...,x_s) - c_0$$

が成立する．したがって，$\mathbb{V}(f) = \mathbb{V}(\alpha_{\{1,...,s\}})$ となる．すなわち，上で挙げた3種の「実効次元」のどの定義に対しても，$\mathfrak{F}_s$ に属する任意の関数はその実効次元が最大すなわち s に等しいことになる．そして，次の重要な定理[89]が導かれる．

定理 6.2.4 次元 s を奇数とし，関数のクラス $\mathfrak{F}_s$ を決める下三角行列を $T_i, i = 1,...,s$, とする．さらに $U_i, i = 1,...,s$, を $GF(2)$ 上の任意の正則な上三角行列とする．そのとき，$(T_i)^{-1} U_i, i = 1,...,s$, を生成行列とする基底2の (t,s) 列 $X_n, n = 0, 1, ...,$ の先頭 N 点を用いて任意の関数 $f \in \mathfrak{F}_s$ の積分を近似するときの誤差は，任意の $N \geq 1$ に対して

$$\left| \int_{[0,1]^s} f(\boldsymbol{x}) d\boldsymbol{x} - \frac{1}{N} \sum_{n=0}^{N-1} f(X_n) d\boldsymbol{x} \right| \leq \frac{M}{N}$$

を満たす．

ここで，上の定理に述べられた基底 2 の (t,s) 列は一般化 Sobol' 列（定義 4.2.11 参照）を部分集合として含んでいることに注意したい．Asotsky ら [4] は，この結果をさらに一般化して，偶数次元も含め実効次元最大となるはるかに広い関数のクラスに対して，$N = 2^m$ に限れば Sobol' 列による積分誤差が $o(1/N)$ $(m \to \infty)$ となることを指摘している．

Rabitz [63] は科学技術分野で現れる多変数を用いた数学モデルでは多くの場合，2 変数関数の線形結合まででほとんど十分な精度を与えていることを報告している．それが正しければ，超一様分布列が有効となるような現実の応用問題は多く存在することになる．しかし，与えられた多変数関数の「実効次元」の値を計算することは一般には容易ではない．例えば，MBS のような複雑な金融計算問題で現れる被積分関数の「実効次元」の値を求めることはほとんど不可能である．また今まで提案されている 3 通りの「実効次元」では，上でも述べたとおり，超一様分布列が有効であるからといってその問題の実行次元が小さいと結論することはできない．何かもっと適切な「実効次元」を定義する必要がある．

6.3　Tractability 理論

1990 年代に金融計算問題に対する超一様分布列の応用が盛んになるにつれ，IBC の新しい分野として急速に発展してきたのが **Tractability 理論**である [52–54, 111]．目的は，連続問題の正規化誤差が所望の精度 ε に収まるために必要な情報複雑性を次元 s に関しても明示的に求めることである．積分問題の正規化誤差は，最悪ケースの設定では問題のクラスとして s 変数関数の空間 F_s における単位球 $||f|| \leq 1$ をとって，

$$\frac{\sup_{||f|| \leq 1} |I(f) - Q_N(f)|}{\sup_{||f|| \leq 1} |I(f)|}$$

と定義される[2]．一つ注意しておきたいことは，正規化誤差は相対誤差とは異なるという点である．例えば，同じ最悪ケースの設定での相対誤差は，

$$\sup_{||f|| \leq 1} \frac{|I(f) - Q_N(f)|}{|I(f)|}$$

と書ける．違いは明らかである[3]．

[2] 以下では積分公式 Q_N として重みが均等 $(1/N)$ の場合で話を進めるが，一般の場合についても同様の結果が得られている [52–54]．

[3] 相対誤差についての詳細は [52, 3.2.6 節] を参照．

もっともよく研究されている最悪ケースの設定では，情報複雑性は定数コスト c を無視すれば

$$n^{\text{worst}}(\varepsilon, s) = \min\left\{N \mid e^{\text{worst}}(N, s) \leq \varepsilon\right\}$$

と表すことができる．ここで，

$$e^{\text{worst}}(N, s) = \inf_{P_N} \frac{\sup_{\|f\| \leq 1} |\mathrm{I}(f) - \mathrm{Q}_N(f)|}{\sup_{\|f\| \leq 1} |\mathrm{I}(f)|}$$

である．情報複雑性が，すべての $0 < \varepsilon < 1$ および整数 $s \geq 1$ に対して正定数 C, p, q が存在して

$$n^{\text{worst}}(\varepsilon, s) \leq C s^q \varepsilon^{-p}$$

と表される場合，その問題は多項式 tractable であるという．特に $q = 0$ の場合を「強多項式 tractable」と呼んでいる．つまり次元 s に依存しない場合である．さらにそのような場合の p の下限を「強多項式 tractability の指数」と呼ぶ．また，情報複雑性が s または ε^{-1} の指数関数あるいはそれ以上になるとき，「問題は intractable である」という．

6.3.1 重みつきディスクレパンシー

Sloan と Woźniakowski [68] は，「実効次元」とは異なるアプローチで先に述べた謎の解明に取り組んでいる．そこで重要な役割を果たすのが「重みつきディスクレパンシー」という考え方である．簡単に言えば，各変数の被積分関数に対する重要性が異なっている場合を考え，そのような関数のクラスに対して最悪ケースの設定における積分誤差を Tractability 理論の立場から解析するのである．

彼らは，各変数の被積分関数に対する重要性を表すために次のような重みを導入した．

$$\gamma = \{\gamma_{s,u}\}_{s \in \mathbb{N}, u \subseteq \{1, \ldots, s\}}$$

ここで，$\gamma_{s,u} \geq 0$ は実数とし $\gamma_{s,\emptyset} = 1$ とする．s 変数関数の各変数に対して，非負の実数を割り当ててその重要性を定量化しようというのである．大きな重みほど重要性が高いことを意味する．そして，この重みを第 5 章の最後に紹介した Zaremba-Sobol' の等式 (5.21) へ応用するのである．具体的には，

$$\mathrm{I}(f) - \mathrm{Q}_N(f) = \sum_{\emptyset \neq u \subseteq \{1,\ldots,s\}} (-1)^{|u|} \int_{[0,1]^{|u|}} d^*(\boldsymbol{x}_u, 1) \frac{\partial^{|u|}}{\partial \boldsymbol{x}_u} f(\boldsymbol{x}_u, 1) d\boldsymbol{x}_u$$

$$= \sum_{\emptyset \neq u \subseteq \{1,\ldots,s\}} (-1)^{|u|} \int_{[0,1]^{|u|}} \left(\gamma_{s,u}^{1/2} d^*(\boldsymbol{x}_u, 1) \right) \left(\gamma_{s,u}^{-1/2} \frac{\partial^{|u|}}{\partial \boldsymbol{x}_u} f(\boldsymbol{x}_u, 1) \right) d\boldsymbol{x}_u$$

という形で重みを導入するのである．右辺に Cauchy–Schwarz 不等式を適用すれば，

$$\left| \mathrm{I}(f) - \mathrm{Q}_N(f) \right| \leq \|f\|_\gamma \overline{T}^*_{s,\gamma}(P_N) \tag{6.6}$$

を得る．ここで，

$$\|f\|_\gamma = \left(\sum_{u \subseteq \{1,\ldots,s\}} \gamma_{s,u}^{-1} \int_{[0,1]^{|u|}} \left(\frac{\partial^{|u|}}{\partial \boldsymbol{x}_u} f(\boldsymbol{x}_u, 1) \right)^2 d\boldsymbol{x}_u \right)^{1/2} \tag{6.7}$$

$$\overline{T}^*_{s,\gamma}(P_N) = \left(\sum_{\emptyset \neq u \subseteq \{1,\ldots,s\}} \gamma_{s,u} \int_{[0,1]^{|u|}} d^*(\boldsymbol{x}_u, 1)^2 d\boldsymbol{x}_u \right)^{1/2}$$

$$= \left(\sum_{\emptyset \neq u \subseteq \{1,\ldots,s\}} \gamma_{s,u} T^*_{|u|}(P_N^u)^2 \right)^{1/2} \tag{6.8}$$

である．

IBC では，問題のクラス（ここでは被積分関数のクラス）をまず設定する必要がある．それは，次のような再生カーネルをもった Hilbert 空間 $H(K_{s,\gamma})$ である．

$$K_{s,\gamma}(\boldsymbol{x}, \boldsymbol{y}) = \sum_{u \subseteq \{1,\ldots,s\}} \gamma_{s,u} \prod_{i \in u} \min(1 - x_i, 1 - y_i)$$

ここで，関数のノルムは上の (6.7) で定義する．また，内積は

$$(f, g)_\gamma = \sum_{u \subseteq \{1,\ldots,s\}} \gamma_{s,u}^{-1} \int_{[0,1]^{|u|}} \left(\frac{\partial^{|u|}}{\partial \boldsymbol{x}_u} f(\boldsymbol{x}_u, 1) \right) \left(\frac{\partial^{|u|}}{\partial \boldsymbol{x}_u} g(\boldsymbol{x}_u, 1) \right) d\boldsymbol{x}_u$$

である．さらに，

$$\int_{[0,1]^s \times [0,1]^s} K_{s,\gamma}(\boldsymbol{x}, \boldsymbol{y}) d\boldsymbol{x} d\boldsymbol{y} = \sum_{u \subseteq \{1,\ldots,s\}} \gamma_{s,u} \left(\frac{1}{3} \right)^{|u|}$$

となることに注意したい．

したがって，最悪ケースの設定における積分誤差 $e(P_N; H(K_{s,\gamma}))$[4] は，

---

[4] e の肩に付ける添え字 worst は省略する．

式 (6.6) から単位球 $||f||_\gamma \leq 1$ を使って

$$e(P_N; H(K_{s,\gamma})) := \sup_{||f||_\gamma \leq 1} |I(f) - Q_N(f)| = \overline{T}^*_{s,\gamma}(P_N)$$

と表される[5]．また初期誤差（P_N が空集合つまりゼロアルゴリズムのときの誤差）を $e(0; H(K_{s,\gamma}))$ で表すことにすると，具体的には，積分オペレーターのリプリゼンター $h_{s,\gamma}(\boldsymbol{x})$ が，

$$h_{s,\gamma}(\boldsymbol{x}) = I(K_{s,\gamma}(\boldsymbol{x},\cdot)) = \int_{[0,1]^s} K_{s,\gamma}(\boldsymbol{x},\boldsymbol{y})d\boldsymbol{y}$$

かつ

$$||h_{s,\gamma}||^2_\gamma = (h_{s,\gamma}, h_{s,\gamma})_\gamma = I(h_{s,\gamma}) = \int_{[0,1]^s} h_{s,\gamma}(\boldsymbol{x})d\boldsymbol{x} \qquad (6.9)$$

[5] 等号が成立することに注意（[68] 参照）．

を満たすことから，

$$\begin{aligned}
e(0; H(K_{s,\gamma})) &:= \sup_{||f||_\gamma \leq 1} |I(f)| = \sup_{||f||_\gamma \leq 1} |(h_{s,\gamma}, f)_\gamma| \\
&= ||h_{s,\gamma}||_\gamma = \left(\int_{[0,1]^s} h_{s,\gamma}(\boldsymbol{x})d\boldsymbol{x} \right)^{1/2} \\
&= \left(\sum_{u \subseteq \{1,\ldots,s\}} \gamma_{s,u} \left(\frac{1}{3}\right)^{|u|} \right)^{1/2}
\end{aligned}$$

と計算できる．

以下では，2 種類の重みについてさらに詳しく紹介したい．一つは「積形式の重み」であり，これは「切り捨てに基づく実効次元」に対応するものである．つまり各変数の被積分関数に対する重要性が添え字の小さいほど大きいという場合である．金融問題や素粒子散乱などの計算に現れる関数である．もう一つは「有限オーダーの重み」であり，これは「上重ねに基づく実効次元」に対応する．Rabitz [63] の「現実問題で現れる被積分関数は 2 変数関数までの線形結合で十分近似できる」という主張に基づいている．

6.3.2 積形式の重み

積形式の重みは次のように定義される．

定義 6.3.1 すべての s および u に対して，重み γ が次のように書けるとき，

積形式の重みと呼ぶ.

$$\gamma_{s,u} = \prod_{i \in u} \gamma_{s,i}$$

ここで，$\gamma_{s,1} \geq \gamma_{s,2} \geq \cdots \geq \gamma_{s,s} \geq 0$ は各変数 $x_1, x_2, ..., x_s$ に対する重みになっている．

以下では，簡単のため，Sloan と Woźniakowski が扱った次元 s に依存しない場合，つまり，

$$\gamma_1 \geq \gamma_2 \geq \cdots \geq \gamma_s \geq \cdots \geq 0$$

について述べることにしよう．まず，再生カーネルはこの場合

$$\begin{aligned}K_{s,\gamma}(\boldsymbol{x}, \boldsymbol{y}) &= \sum_{u \subseteq \{1,...,s\}} \prod_{i \in u} \gamma_i \min(1-x_i, 1-y_i) \\ &= \prod_{i=1}^{s} \left(1 + \gamma_i \min(1-x_i, 1-y_i)\right)\end{aligned}$$

と表すことができる．したがって，初期誤差は

$$e(0; H(K_{s,\gamma})) = \prod_{i=1}^{s} \left(1 + \frac{1}{3}\gamma_i\right)^{1/2}$$

と書ける．直ちにわかることは，初期誤差が次元 s に関して多項式オーダーになるための必要十分条件は

$$\limsup_{s \to \infty} \frac{\sum_{i=1}^{s} \gamma_i}{\log s} < \infty$$

である．さらに，初期誤差が $O(1)$（次元 s によらず有限）となるための必要十分条件は

$$\sum_{i=1}^{\infty} \gamma_i < \infty$$

であることも知られている．

Sloan と Woźniakowski が導いた結果 [68] は以下のとおりである．

定理 6.3.2

1. 関数のクラス $H(K_{s,\gamma})$ に対する積分問題が多項式 tractable となるための必要十分条件は

$$\limsup_{s\to\infty} \frac{\sum_{i=1}^{s} \gamma_i}{\log s} < \infty$$

である.

2. 関数のクラス $H(K_{s,\gamma})$ に対する積分問題が強多項式 tractable となるための必要十分条件は

$$\sum_{i=1}^{\infty} \gamma_i < \infty$$

である. また, 強多項式 tractability の指数は 1 以上 2 以下の実数である.

3. 関数のクラス $H(K_{s,\gamma})$ に対する積分問題が強多項式 tractable で指数が 1 になるための十分条件は

$$\sum_{i=1}^{\infty} \gamma_i^{1/2} < \infty \tag{6.10}$$

である.

興味深いことに, この定理で述べられた二つの必要十分条件は, 初期誤差に関する必要十分条件, (1) 多項式オーダーになる, (2) $O(1)$ になる, のそれぞれに完全に一致している. また, (3) の強多項式 tractability の指数が 1 になるということは, 最悪ケースの設定における正規化誤差が $O(1/N)$ になることなので, 金融計算の謎の解明に深く関連している. ただし, この条件が必要条件になるかどうかはわかっていない.

さて, 具体的な超一様分布列に対しては何が分かっているのだろうか. 以下, Halton 列について詳しく述べよう. まず, 第 2 部で得られた Halton 列に対する結果 (系 4.3.14) と式 (6.8) および L_2 ディスクレパンシーは常に L_∞ ディスクレパンシー以下となるという性質を使えば, 次の補題が得られる [93].

補題 6.3.3 基底 $b_i, i = 1, ..., s$, を i 番目に小さい素数とした s 次元 Halton 列の先頭 N 点からなる点集合を P_N とする. そのとき, 任意の整数 $N > 1$ に対して,

$$e^2(P_N; H(K_{s,\gamma})) \leq \frac{1}{N^2} \sum_{\emptyset \neq u \subseteq \{1,...,s\}} \gamma_{s,u} \prod_{i \in u} (C_1 \, i \log_2 N)^2$$
$$\leq \frac{1}{N^2} \prod_{i=1}^{s} \left(1 + (C_1 \gamma_i^{1/2} \, i \log_2 N)^2\right)$$

が成立する. ここで, $C_1 = 12 \log 2$ とする.

[6)] Hickernell-Wang の結果 [27] より条件がやや改良されていることに注意.

この補題を応用することで最終的に次の定理 [27,93] を得る[6]．

定理 6.3.4 基底 $b_i, i = 1, ..., s$, を i 番目に小さい素数とした s 次元 Halton 列の先頭 N 点からなる点集合を P_N とする．そのとき，関数のクラス $H(K_{s,\gamma})$ に対して，もし積形式の重み γ が

$$\sum_{i=1}^{\infty} \gamma_i^{1/2} i < \infty$$

を満たすならば，任意の $\delta > 0$ に対して N と s に依存しない正の定数 C_δ が存在して

$$\frac{e(P_N; H(K_{s,\gamma}))}{e(0; H(K_{s,\gamma}))} \leq C_\delta N^{-1+\delta}$$

が成立する．ここで，$N > 1$ は任意の整数である．したがって，強多項式 tractability の指数は 1 になる．

多重基底 $(\boldsymbol{t}, \boldsymbol{e}, s)$ 列に関する定理 4.3.13 および系 4.3.15, 4.3.17, 4.3.18 を使えば，一般化 Sobol' 列，多項式 Halton 列，Xing–Niederreiter 列に対しても，上の定理と同じ条件で，強多項式 tractability の指数は 1 になることが証明できる．オリジナルの Sobol' 列は既約多項式ではなく原始多項式を用いているために，少し強い条件

$$\sum_{i=1}^{\infty} \gamma_i^{1/2} i \log_2 \log_2(i+3) < \infty$$

で，同じ結果が得られる．いずれの場合も (6.10) と比べればより強い制約が重み γ に課されているので，さらに改良できる可能性がある．

6.3.3 有限オーダーの重み

有限オーダーの重みは次のように定義される．

定義 6.3.5 すべての s に対して整数 ω が存在して，$|u| > \omega$ を満たすすべての u に対して $\gamma_{s,u} = 0$ となるとき，γ を**有限オーダーの重み**と呼ぶ．そして，その性質を満たす最小の整数を ω^* とすると，オーダーは ω^* であるという．

まず，有限オーダーの重みではどのような γ をとっても強多項式 tractable になることを示そう．初めに，$e(P_N; H(K_{s,\gamma}))$ を次のように表現する必要がある．積分誤差オペレーターのリプリゼンター $g_{s,\gamma}(\boldsymbol{x})$ が，

$$g_{s,\gamma}(\boldsymbol{x}) = h_{s,\gamma}(\boldsymbol{x}) - \frac{1}{N}\sum_{n=0}^{N-1} K_{s,\gamma}(\boldsymbol{x}, X_n)$$

と表わせることから，

$$e(P_N; H(K_{s,\gamma})) = \sup_{||f||_\gamma \leq 1} \left|\mathrm{I}(f) - \mathrm{Q}_N(f)\right| = \sup_{||f||_\gamma \leq 1}\left|(g_{s,\gamma}, f)_\gamma\right| = ||g_{s,\gamma}||_\gamma$$

となる [68]．

点集合 $P_N = \{X_0, ..., X_{N-1}\}$ を $[0,1]^s$ から一様独立に選んだとしたときの $e(P_N; H(K_{s,\gamma}))^2$ の期待値を計算してみよう．まず，

$$\begin{aligned}
||g_{s,\gamma}||_\gamma^2 &= (g_{s,\gamma}, g_{s,\gamma})_\gamma \\
&= \left(h_{s,\gamma} - \frac{1}{N}\sum_{n=0}^{N-1} K_{s,\gamma}(\cdot, X_n), h_{s,\gamma} - \frac{1}{N}\sum_{m=0}^{N-1} K_{s,\gamma}(\cdot, X_m)\right) \\
&= (h_{s,\gamma}, h_{s,\gamma}) - \frac{2}{N}\sum_{n=0}^{N-1}(h_{s,\gamma}, K_{s,\gamma}(\cdot, X_n)) \\
&\quad + \frac{1}{N^2}\sum_{n=0}^{N-1}\sum_{m=0}^{N-1}\left(K_{s,\gamma}(\cdot, X_n), K_{s,\gamma}(\cdot, X_m)\right) \\
&= ||h_{s,\gamma}||^2 - \frac{2}{N}\sum_{n=0}^{N-1} h_{s,\gamma}(X_n) + \frac{1}{N^2}\sum_{n=0}^{N-1}\sum_{m=0}^{N-1} K_{s,\gamma}(X_n, X_m)
\end{aligned}$$

であるので，式 (6.9) を用いると，期待値は

$$\begin{aligned}
&\int_{[0,1]^{Ns}} e(P_N; H(K_{s,\gamma}))^2\, dX_0 \cdots dX_{N-1} \\
&= \int_{[0,1]^{Ns}} ||g_{s,\gamma}||_\gamma^2\, dX_0 \cdots dX_{N-1} \\
&= ||h_{s,\gamma}||^2 - 2||h_{s,\gamma}||^2 + \frac{N^2 - N}{N^2}||h_{s,\gamma}||^2 + \frac{1}{N}\int_{[0,1]^s} K_{s,\gamma}(\boldsymbol{x},\boldsymbol{x})d\boldsymbol{x} \\
&= -\frac{1}{N}\int_{[0,1]^s \times [0,1]^s} K_{s,\gamma}(\boldsymbol{x},\boldsymbol{y})d\boldsymbol{x}d\boldsymbol{y} + \frac{1}{N}\int_{[0,1]^s} K_{s,\gamma}(\boldsymbol{x},\boldsymbol{x})d\boldsymbol{x} \\
&= \frac{1}{N}\sum_{u \subseteq \{1,...,s\}, |u| \leq \omega} \gamma_{s,u}\left(2^{-|u|} - 3^{-|u|}\right)
\end{aligned}$$

となる．平均値の定理から，期待値以下の誤差を与える点集合 P_N^* が少なくとも一つはあるので，

$$e(P_N^*; H(K_{s,\gamma})) \leq \frac{1}{\sqrt{N}} \left(\sum_{u \subseteq \{1,\ldots,s\}, |u| \leq \omega} \gamma_{s,u} 2^{-|u|} \right)^{1/2}$$

を得る. したがって,

$$\begin{aligned}
e^{\text{worst}}(N, s) &\leq \frac{e(P_N^*; H(K_{s,\gamma}))}{e(0; H(K_{s,\gamma}))} \\
&\leq \frac{1}{\sqrt{N}} \left(\frac{\sum_{u \subseteq \{1,\ldots,s\}, |u| \leq \omega} \gamma_{s,u} 2^{-|u|}}{\sum_{u \subseteq \{1,\ldots,s\}, |u| \leq \omega} \gamma_{s,u} 3^{-|u|}} \right)^{1/2} \\
&= \frac{1}{\sqrt{N}} \left(\frac{\sum_{u \subseteq \{1,\ldots,s\}, |u| \leq \omega} \gamma_{s,u} (3/2)^{|u|} 3^{-|u|}}{\sum_{u \subseteq \{1,\ldots,s\}, |u| \leq \omega} \gamma_{s,u} 3^{-|u|}} \right)^{1/2} \\
&\leq \frac{1}{\sqrt{N}} \left(\frac{3}{2} \right)^{\omega/2}
\end{aligned}$$

となり, 最終的に次の定理 [69] を得る.

定理 6.3.6 オーダーが ω の有限オーダーの重み γ に対して,

$$n^{\text{worst}}(\varepsilon, s) \leq \left(\frac{3}{2} \right)^\omega \varepsilon^{-2}$$

が成立する.

つまり, 有限オーダーの重みについては常に強多項式 tractability が言える. ただし, この定理はランダムな N 点による平均 (つまりモンテカルロ法) から得られたので, 指数が 2 になっている. 指数が 1 になるようなものがあるかが重要な点である. それについて積形式の重みの場合と同様に Halton 列に関する結果 [53, 69, 93] を紹介しよう[7].

定理 6.3.7 基底 $b_i, i = 1, \ldots, s,$ を i 番目に小さい素数とした s 次元 Halton 列の先頭 N 点からなる点集合を P_N とする. そのとき, 関数のクラス $H(K_{s,\gamma})$ に対して, もし有限オーダーの重み γ が

$$M := \sup_{s \in \mathbb{N}} \left(\frac{\sum_{u \subseteq \{1,\ldots,s\}, |u| \leq \omega} \gamma_{s,u} \prod_{i \in u} i^2}{\sum_{u \subseteq \{1,\ldots,s\}, |u| \leq \omega} \gamma_{s,u} 3^{-|u|}} \right) < \infty \tag{6.11}$$

を満たすならば, 任意の $\delta > 0$ に対して, N と s に依存しない正の定数 C_δ が存在して

$$\frac{e(P_N; H(K_{s,\gamma}))}{e(0; H(K_{s,\gamma}))} \leq C_\delta N^{-1+\delta}$$

---

[7] Sloan ら [53, 69] の結果より条件がやや改良されていることに注意.

が成立する．ここで，$N > 1$ は任意の整数である．したがって，強多項式 tractability の指数は 1 になる．

証明は簡単なので，以下に付けておこう．任意の $\delta > 0$ に対して

$$B_\delta = \max_{1 \le \ell \le \omega} \left(\left(\frac{C_1}{2\delta \log 2} \right)^{2\ell} (2\ell)! \right)$$

と定義する．そのとき，補題 6.3.3 を使うと

$$\begin{aligned}
\frac{e^2(P_N; H(K_{s,\gamma}))}{e^2(0; H(K_{s,\gamma}))} &\le \frac{1}{N^2} \sum_{\ell=1}^{\omega} \left((C_1 \log_2 N)^{2\ell} \frac{\sum_{u \subseteq \{1,\ldots,s\}, |u|=\ell} \gamma_{s,u} \prod_{i \in u} i^2}{\sum_{u \subseteq \{1,\ldots,s\}, 0 \le |u| \le \omega} \gamma_{s,u} 3^{-|u|}} \right) \\
&\le \frac{M}{N^2} \sum_{\ell=1}^{\omega} \left(\frac{C_1 \log N}{\log 2} \right)^{2\ell} \\
&\le \frac{B_\delta M}{N^2} \sum_{\ell=1}^{\omega} \frac{(2\delta \log N)^{2\ell}}{(2\ell)!} \\
&\le \frac{B_\delta M}{N^2} \exp(2\delta \log N) \\
&= C_\delta^2 N^{-2+2\delta}
\end{aligned}$$

が得られる．ここで，$C_\delta = \sqrt{B_\delta M}$ である．（証明終り）

多重基底 $(\boldsymbol{t}, \boldsymbol{e}, s)$ 列に関する定理 4.3.13 および系 4.3.15, 4.3.17, 4.3.18 を使えば，一般化 Sobol' 列，多項式 Halton 列，Xing–Niederreiter 列に対しても，上の定理と同じ条件で，強多項式 tractability の指数は 1 になることが証明できる．オリジナルの Sobol' 列は既約多項式ではなく原始多項式を用いているために，少し強い条件

$$\sup_{s \in \mathbb{N}} \left(\frac{\sum_{u \subseteq \{1,\ldots,s\}, |u| \le \omega} \gamma_{s,u} \prod_{i \in u} (i \log_2 \log_2(i+3))^2}{\sum_{u \subseteq \{1,\ldots,s\}, |u| \le \omega} \gamma_{s,u} 3^{-|u|}} \right) < \infty$$

で，同じ結果が得られる．一般化 Faure 列（オリジナルの Faure 列も含む）に対しては系 4.3.16 から，さらに強い条件

$$\sup_{s \in \mathbb{N}} \left(\frac{\sum_{u \subseteq \{1,\ldots,s\}, |u| \le \omega} \gamma_{s,u} (s/\log_2 s)^{2|u|}}{\sum_{u \subseteq \{1,\ldots,s\}, |u| \le \omega} \gamma_{s,u} 3^{-|u|}} \right) < \infty$$

を課せば，同じ結果が得られる．どの超一様分布列に対してももっと条件を緩めることができるかが今後の研究課題である．

6.3.4 重みをつけなくても tractable になる例

被積分関数のクラスに重みを導入しなければ積分問題は intractable になることが次の定理 [68] に述べられている．

定理 6.3.8 重みをつけない関数のクラス $H(K_s)$ に対する積分問題の最悪ケースの設定における情報複雑性は，

$$(1.0202)^s(1-\varepsilon^2) \leq n^{\mathrm{worst}}(\varepsilon,s) \leq (1.1143...)^s \varepsilon^{-2}$$

を満たす．

この定理から，次元 s に関して指数関数的に情報複雑性が増加することが分かる．つまり，intractable である．関数のクラスを変更してもこの結論は変わらないか？ が非常に興味のある問題となっていたが，Heinrich ら [25] が否定的に解決したのでそれを紹介しよう．前節に述べた Zaremba–Sobol' の等式 (5.21) に Hölder の不等式を適用すると

$$|\mathrm{I}(f) - \mathrm{Q}_N(f)| \leq \|f\|_1 D_s^*(P_N)$$

が得られる．ここで，

$$\|f\|_1 = \sum_{u \subseteq \{1,\ldots,s\}} \int_{[0,1]^{|u|}} \left|\frac{\partial^{|u|}}{\partial \boldsymbol{x}_u} f(\boldsymbol{x}_u, 1)\right| d\boldsymbol{x}_u$$

である．また，

$$\max_{\emptyset \neq u \subseteq \{1,\ldots,s\}} \sup_{\boldsymbol{x}_u \in [0,1]^{|u|}} |d^*(\boldsymbol{x}_u, 1)| = \sup_{\boldsymbol{x} \in [0,1]^s} |d^*(\boldsymbol{x})| = D_s^*(P_N)$$

となることに注意したい．

したがって，最悪ケースの設定における積分誤差は

$$e(P_N; F_s^{(1)}) = \sup_{\|f\|_1 \leq 1} |\mathrm{I}(f) - \mathrm{Q}_N(f)| = D_s^*(P_N)$$

となる（[53] あるいは [26, p.306] 参照）．ここで考えている問題のクラス $F_s^{(1)}$ は $\|f\|_1 \leq 1$ なる単位球であり，これまで扱ってきた Hilbert 空間の単位球 $\|f\|_2 \leq 1$ とは異なるものである．また，情報複雑性の定義

$$n^{\mathrm{worst}}(\varepsilon, s) = \min\left\{N \,\middle|\, e^{\mathrm{worst}}(N, s) \leq \varepsilon\right\}$$

において，初期誤差は

$$e(0; F_s^{(1)}) = \sup_{(x_1,\ldots,x_s)\in[0,1]^s} |x_1 \cdots x_s| = 1$$

なので，

$$e^{\text{worst}}(N,s) = \inf_{P_N} e(P_N; F_s^{(1)}) = \inf_{P_N} D_s^*(P_N) = D_{s,N}^*$$

となる．

ここで，第 2 部で述べた定理 4.1.9 を応用すると，すべての整数 $N \geq 1$ および $s \geq 1$ に対して，正定数 C が存在して

$$e^{\text{worst}}(N,s) \leq C\sqrt{\frac{s}{N}}$$

が成立することが言える．この結果は書き換えると，すべての $0 < \varepsilon < 1$ および整数 $s \geq 1$ に対して

$$n^{\text{worst}}(\varepsilon, s) \leq C^2 s \varepsilon^{-2}$$

となるので，関数のクラスを単位球 $\|f\|_1 \leq 1$ にとると重みを付けなくても最悪ケースの設定において積分問題は多項式 tractable という結論になる．

Tractability 理論は発展途上であり，今後の進展が期待されている．発展のきっかけが金融保険分野に関連する高次元積分計算であったことは初めにも述べたとおりである．多くの現実問題では，被積分関数に対する各変数の重要性が異なっていることから，その重要性を表現するのに「重み」という概念を導入するというアプローチは極めて自然なものだった．Sobolev 空間を取り上げたのも，偏微分方程式や近似理論の分野では代表的な関数空間なので特に違和感はない．空間に「重み」を導入することが，計算複雑性の点で大きな違いをもたらすという結果も非常に面白いものであり，何か本質的に重要なことを示唆しているに違いない．ただし，上に述べたように関数空間のノルムを変えただけで結果が大きく変わるというあたり，まだ何か重要な事実を見逃しているのかもしれない．

これは以前から指摘されていることだが（例えば [57] 参照），金融保険分野，特にデリバティブ価格計算で現れる被積分関数には不連続な関数もあり，ここで扱ったような Sobolev 空間とはかなり異なる関数空間である．この特殊な関数空間を数学的にどのように特徴づけていくかが，この分野におけるもう一つ重要な研究課題になっている．

7 ひとつの未解決問題

広義積分に超一様分布列を応用する場合の理論的保証に関する研究はその困難さのゆえにほとんど行われていない．Sobol' [3, 71] が広義積分の正しい値に計算が収束するための十分条件を与えている以外にめぼしい結果は知られていない．本章では，この問題が単なる理論的興味から来ているのではなく実用的にも重要な意味を持つことを説明したい．

7.1 Black–Scholes モデル

初めに，金融工学の金字塔といわれている Black–Scholes 公式 [8] を紹介しよう．オプションはデリバティブ（金融派生商品）のなかでも最も代表的なものである．これは，将来のある決められた日時（権利行使日）に，あらかじめ決められた価格（行使価格）で原資産（株式，債券，コモディティなど）を取引するかどうかを決める権利（オプション）を商品化したもので，コールオプションとは買う権利を，プットオプションとは売る権利を対象としたもののことである．また，権利行使日が満期日のみの場合はヨーロピアンオプションと呼ばれている．

原資産の将来時点 t での価格を S_t で表すと[1]，満期 T における利益 c は，ヨーロピアン・コールオプションでは，

$$c = (S_T - K)^+ = \begin{cases} S_T - K & \text{もし } S_T > K \text{ ならば} \\ 0 & \text{その他} \end{cases} \quad (7.1)$$

となる．ここで K は行使価格である．つまり，S_T が K より大きければ，権利を行使して行使価格 K で資産 S_T を手に入れることができるので，それをすぐに市場で売却すれば，利益 $S_T - K$ を得ることになる．逆の場合は権利行

---

[1] 現時点 ($t = 0$) における価格は S_0 で表される．

使をしないので，利益は 0 になる．こういうオプションの理論価格はいくらになるかという問題が経済学では長年の懸案となっていたが，1973 年，Black と Scholes により初めてこのオプションの理論価格が導かれたのである．彼らによれば，まず原資産（株式）の価格を次のような確率微分方程式でモデル化する．

$$\frac{dS_t}{S_t} = rdt + \sigma dW_t \tag{7.2}$$

つまり時刻 t における株価の上昇率が平均 rdt，分散 $\sigma^2 dt$ の正規分布に従うとするのである．ここで，r は「リスクフリーレート」（国債の金利のようなもの），σ は「ボラティリティ」と呼ばれるもので，価格のばらつきを表す量である．さらに，伊藤の定理を使って式 (7.2) を

$$d\log S_t = \left(r - \frac{\sigma^2}{2}\right)dt + \sigma dW_t$$

と変形すると，この式は，$\log S_t - \log S_0$ が時刻 t において平均 $(r - \sigma^2/2)t$ かつ分散 $\sigma^2 t$ の正規分布に従うことを意味している．Black–Scholes 理論によれば，ヨーロピアン・コールオプションの理論価格は式 (7.1) で表される利益の期待値を金利 r で割り引いたものとなるので，理論価格は結局

$$\mathbb{E}(c) = \frac{\exp(-rT)}{\sqrt{2\pi T}\sigma} \int_{-\infty}^{\infty} (S_0 \exp(z) - K)^+ \exp\left(-\frac{\left(z - \left(r - \frac{\sigma^2}{2}\right)T\right)^2}{2\sigma^2 T}\right) dz \tag{7.3}$$

という 1 次元の積分で書ける．この積分は解析的に計算することができて，いわゆる Black–Scholes のオプション公式（コールオプションの場合）

$$\mathbb{E}(c) = S_0 \Phi(d) - K\exp(-rT)\Phi(d - \sigma\sqrt{T})$$

が導かれる（プットオプションの場合も同様に導ける）．ここで

$$d = \frac{1}{\sigma\sqrt{T}} \log\left(\frac{S_0}{K\exp(-rT)}\right) + \frac{\sigma\sqrt{T}}{2}$$

であり，$\Phi(x)$ は標準正規分布の分布関数（式 (2.1) 参照）である．

これにより，それまで何の合理的基準もなく決められていたオプションの値段に理論価格という目安が与えられ，さらにそれが電卓で計算できるような簡単な式で表せたことは彼らの論文が発表された当時画期的なことだった．

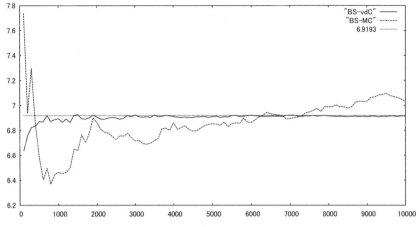

図 **7.1** Black–Scholes 理論価格の計算例（コールオプションの場合）

7.2 シミュレーション結果

Black–Scholes の理論価格は上で述べたように解析的な解がわかっているので，実際には必要ないのだが，あえてシミュレーションで理論価格を求めてみよう．その場合は，式 (7.3) を変数変換して

$$\mathbb{E}(c) = \frac{\exp(-rT)}{\sqrt{2\pi}} \int_0^1 \left(S_0 \exp\left(\sigma\sqrt{T}\Phi^{-1}(u) + \left(r - \frac{\sigma^2}{2}\right)T\right) - K \right)^+ du \quad (7.4)$$

を計算することになる．具体的な計算例を示そう．図 7.1 に示したのは，現在価格 $S_0 = 100$，リスクフリーレート（年率）$r = 0.05$，ボラティリティ（年率）$\sigma = 0.3$，行使価格 $K = 100$，満期 $T = 100$ 日後（$=100/365$ 年後）としたときのコールオプション理論価格をシミュレーションで計算したものである．横軸はサンプル数で 10000 サンプルまで計算している．縦軸は理論価格の近似値である．上に説明した Black–Scholes 公式による理論価格 $\mathbb{E}(c)$ は 6.9193（点線）である．BS-vdC（実線）は van der Corput 列による計算結果，BS-MC(破線) は乱数を使ったときの計算結果を示している．乱数 10000 サンプルから計算した 95%信頼区間は $[6.82272, 7.24488]$ となる．一方，van der Corput 列では 3000 サンプルぐらいですでに小数第 1 位まで収束しているので両者の違いは大きい．

ここで，一つ重要な点を指摘しておかなければならない．式 (7.4) の被積分関数

$$f(u) = \left(S_0 \exp\left(\sigma\sqrt{T}\Phi^{-1}(u) + \left(r - \frac{\sigma^2}{2}\right)T\right) - K\right)^+$$

についてである．第 5 章でも説明したように，超一様分布列を積分計算に用いることの理論的裏付けである Koksma–Hlawka の定理（定理 5.2.6）が成立するには，被積分関数は有界変動であることが条件になっている．ところが，上の Black–Scholes 公式に由来する被積分関数は $f(1) = \infty$ となっており，有界変動にはならないのである．そうなると，「超一様分布列を使用する積分計算が正しい値に収束する」という保証そのものがなくなってしまうことになる．一方，数値計算自体は正しく行われているのでこれもまた事実である．理論 (theory) が実践 (practice) に追いついていない一つの例といえる[2]．サンプル数を無限にもっていったときに計算が正しく収束することの数学的証明も必要であるが，それは第一歩に過ぎず，なぜ超一様分布列 (BS-vdC) が乱数 (BS-MC) よりこのように速く収束するのかを理論づけることが重要である．

冒頭にも述べたとおり，超一様分布列を広義積分に適用した場合の理論的保証に関してはほとんど研究がなされておらず，その一方で実用的な問題には広義積分が多く登場することから，この分野における今後の進展が大いに期待されている．

---

[2] Knuth 曰く，"Theory is to practice as rigor is to vigor."

参考文献

[1] D. Aldous and P. Diaconis, Shuffling cards and stopping times, *American Mathematical Monthly*, **93** (1986), 333-348.

[2] D. A. André, G. L. Mullen, and H. Niederreiter, Figures of merit for digital multistep pseudorandom numbers, *Mathematics of Computation*, **54** (1990), 737-748.

[3] D. I. Asotsky and I. M. Sobol', On sequences of points for the evaluation of improper integrals by quasi-Monte Carlo methods, *Computational Mathematics and Mathematical Physics*, **45**(3), (2005), 394-398.

[4] D. I. Asotsky, E. E. Myshetskaya, and I. M. Sobol', The average dimension of a multidimensional function for quasi-Monte Carlo estimates of an integral, *Computational Mathematics and Mathematical Physics*, **46** (2006), 2061-2067.

[5] E. I. Atanassov, On the discrepancy of the Halton sequences, *Mathematica Balkanica New Series*, **18**(1-2) (2004), 15-32.

[6] L. E. Baum and M. M. Sweet, Continued fractions of algebraic power series in characteristic 2, *Annals of Mathematics*, **103**, (1976), 593-610.

[7] J. Beck, Probabilistic diophantine approximation, I. Kronecker-sequences, *Annals of Mathematics*, **140** (1994), 451-502.

[8] F. Black and M. Scholes, The pricing of options and corporate liabilities, *Journal of Political Economy*, **81**(3) (1973), 637-654.

[9] R. E. Caflisch, W. Morokoff, and A. B. Owen, Valuation of mortgage backed securities using Brownian bridges to reduce effective dimension, *Journal of Computational Finance*, **1** (1997), 27-46.

[10] W. W. L. Chen and M. M. Skriganov, Explicit constructions in the classical mean squares problem in irregularity of point distribution, *J. Reine Angew. Math.*, **545** (2002), 67-95.

[11] W. W. L. Chen, A. Srivastav, and G. Travaglini (eds.), *A Panorama of Discrepancy Theory*, Springer, Berlin, 2012.

[12] R. Couture, P. L'Ecuyer, and S. Tezuka, On the distribution of k-dimensional vectors for simple and combined Tausworthe sequences, *Mathematics of Computation*, **60** (1993), 749-761.

[13] R. R. Coveyou and R. D. MacPherson, Fourier analysis of uniform random number generators, *Journal of the ACM*, **14** (1967), 100-119.

[14] J. Dick and F. Pillichshammer, *Digital Nets and Sequences. Discrepancy Theory and Quasi-Monte Carlo Integration*, Cambridge University Press, 2010.

[15] J. Dick and F. Pillichshammer, Explicit constructions of point sets and sequences

with low discrepancy, In *Uniform Distribution and Quasi-Monte Carlo Methods. Discrepancy, Integration and Applications*, De Gruyter, Berlin, (2014), 63-86.

[16] M. Drmota and R. F. Tichy, *Sequences, Discrepancies and Applications*, Lecture Notes in Mathematics, **1651**, Springer-Verlag, 1997.

[17] H. Faure, Discrépance de suites associées à un système de numération (en dimension s), *Acta Arithmetica*, **41** (1982), 337-351.

[18] H. Faure and C. Lemieux, Generalized Halton sequences in 2008: a comparative study. *ACM Transactions on Modeling and Computer Simulation*, **19** (Article 15), 2009.

[19] A. M. Ferrenberg, D. P. Landau, and Y. J. Wong, Monte Carlo simulations: hidden errors from "good" random number generators, *Physical Review Letters*, **69** (1992), 3382-3384.

[20] M. Fushimi and S. Tezuka, The k-distribution of generalized feedback shift register pseudorandom numbers, *Communications of the ACM*, **26** (1983), 516-523.

[21] J. Gentle, *Random Number Generation and Monte Carlo Methods*, second edition, Springer, 2003.

[22] S. Haber, On a sequence of points of interest for numerical quadrature, *Journal of Research of the NBS*, Sect. B **70** (1966), 127-136.

[23] J. H. Halton, On the efficiency of certain quasi-random sequences of points in evaluating multi-dimensional integrals, *Numerische Mathematik*, **2** (1960), 84-90.

[24] J. M. Hammersley and D. C. Handscomb, *Monte Carlo Methods*, Chapman and Hall, London, 1964.

[25] S. Heinrich, E. Novak, G. Wasilkowski, and H. Woźniakowski, The inverse of the star-discrepancy depends linearly on the dimension, *Acta Arithmeica*, **96** (2001), 279-302.

[26] F. J. Hickernell, A generalized discrepancy and quadrature error bound, *Mathematics of Computation*, **67** (1998), 299-322.

[27] F. J. Hickernell and X. Wang, The error bounds and tractability of quasi-Monte Carlo algorithms in infinite dimension, *Mathematics of Computation*, **71** (2002), 1641-1661.

[28] A. Hinrichs, Covering numbers, Vapnik-Červonenkis classes and bounds for the star-discrepancy, *Journal of Complexity*, **20** (2004), 477-483.

[29] R. Hofer and H. Niederreiter, A construction of (t,s)-sequences with finite-row generating matrices using global function fields, *Finite Fields and Their Applications*, **21** (2013), 97-110.

[30] J. Hoogland, B. Spaa, A. Selman, and J. Compagner, A special-purpose processor for the Monte Carlo simulation of Ising spin systems, *Journal of Computational Physics*, **51** (1983), 250-260.

[31] P. Jäckel, *Monte Carlo Methods in Finance*, John Wiley and Sons, 2002.

[32] D. E. Knuth, *The Art of Computer Programming, Volume 2: Seminumerical Algorithms*, 3rd edition, Addison-Wesley, 1997. 日本語訳：アスキー出版, 2004.

[33] R. F. Koopman, The orders of equidistribution of subsequences of some asymptotically random sequences, *Communications of the ACM*, **29** (1986), 802-806.

[34] M. Kruse and H. Stichtenoth, Ein Analogon zum Primzahlsatz für algebraische Funktionenkörper, *Manuscripta Mathematica*, **69** (1990), 219-221.

[35] G. Larcher and H. Niederreiter, Kronecker-type sequences and nonarchimedean diophantine approximations, *Acta Arithmetica*, **63** (1993), 379-396.

[36] G. Larcher and F. Pillichshammer, Metrical lower bounds on the discrepancy of digital Kronecker-sequences, *Journal of Number Theory*, **135** (2014), 262-283.

[37] C. Lemieux, *Monte Carlo and Quasi-Monte Carlo Sampling*, Springer, 2009.

[38] A. K. Lenstra, Factoring multivariate polynomials over finite fields, *Journal of Computer System and Science*, **30** (1985), 235-248.

[39] M. B. Levin, On the lower bound of the discrepancy of Halton's sequences: I, *Comptes Rendus Mathematique*, **354** (2016), 445-448.

[40] M. B. Levin, On the lower bound of the discrepancy of Halton's sequences: II, *European Journal of Mathematics*, **2** (2016), 874-885.

[41] M. B. Levin, On the lower bound of the discrepancy of (t,s) sequences: I, *Comptes Rendus Mathematique*, **354** (2016), 562-565.

[42] M. B. Levin, On the lower bound of the discrepancy of (t,s) sequences: II, (2015). arXiv: 1505.04975

[43] T. G. Lewis and W. H. Payne, Generalized feedback shift register pseudorandom number algorithm, *Journal of the ACM*, **20** (1973), 456-468.

[44] K. Mahler, On a theorem in the geometry of numbers in a space of Laurent series, *Journal of Number Theory*, **17** (1983), 403-416.

[45] G. Marsaglia, Random numbers fall mainly in the plane, *Proceedings of the National Academy of Sciences*, **61** (1968), 25-28.

[46] G. Marsaglia and A. Zaman, A new class of random number generators, *Annals of Applied Probability*, **1** (1991), 462-480.

[47] J. Matoušek, *Geometric Discrepancy: An Illustrated Guide*, revised second printing, Springer, 2010.

[48] J. Matoušek and J. Spencer, Discrepancy in arithmetic progressions, *Journal of the AMS*, **9** (1996), 195-204.

[49] M. Matsumoto and T. Nishimura, Mersenne twister: A 623-dimensionally equidistributed uniform pseudo-random generator, *ACM Transactions on Modeling and Computer Simulation*, **8** (1998), 3-30.

[50] J. P. Mesirov and M. M. Sweet, Continued fraction expansions of rational expres-

sions with irreducible denominators in characteristic 2, *Journal of Number Theory*, **27** (1987), 144-148.

[51] H. Niederreiter and C. Xing, Low-discrepancy sequences and global function fields with many rational places, *Finite Fields and Their Applications*, **2** (1996), 241-273.

[52] E. Novak and H. Woźniakowski, *Tractability of Multivariate Problems, Volume I: Linear Information*, European Mathematical Society, 2008.

[53] E. Novak and H. Woźniakowski, *Tractability of Multivariate Problems, Volume II: Standard Information for Functionals*, European Mathematical Society, 2010.

[54] E. Novak and H. Woźniakowski, *Tractability of Multivariate Problems, Volume III: Standard Information for Operators*, European Mathematical Society, 2012.

[55] A. B. Owen, The dimension distribution and quadrature test functions, *Statistica Sinica*, **13** (2003), 1-17.

[56] F. Panneton, P. L'Ecuyer, and M. Matsumoto, Improved long-period generators based on linear recurrences modulo 2, *ACM Transactions on Mathematical Software*, **32** (2006), 1-16.

[57] A. Papageorgiou, Sufficient conditions for fast quasi-Monte Carlo convergence, *Journal of Complexity*, **19** (2003), 332-351.

[58] A. Papageorgiou and J. F. Traub, Beating Monte Carlo, *RISK*, **9** (June, 1996), 63-65.

[59] S. H. Paskov, Average case complexity of multivariate integration for smooth functions, *Journal of Complexity*, **9** (1993), 291-312.

[60] S. H. Paskov, New methodologies for valuing derivatives, In *Mathematics of Derivative Securities*, Cambridge University Press, (1997), 545-582.

[61] R. Pearson, J. L. Richardson, and D. Toussaint, A fast processor for Monte-Carlo simulation, *Journal of Computational Physics*, **51** (1983), 241-249.

[62] P. Pollack, Revisiting Gauss's analogue of the prime number theorem for polynomials over a finite field, *Finite Fields and Their Applications*, **16** (2010), 290-299.

[63] H. Rabitz, Efficient implementation of high dimensional model representations, *Journal of Mathematical Chemistry*, **29** (2001), 127-142.

[64] K. F. Roth, On irregularities of distribution, *Mathematika*, **1** (1954), 73-79.

[65] K. F. Roth, Remark concerning integer sequences, *Acta Arithmetica*, **9** (1964), 257-260.

[66] K. F. Roth, On irregularities of distribution IV, *Acta Arithmetica*. **37** (1980), 67-75.

[67] W. M. Schmidt, Irregularities of distribution VII. *Acta Arithmetica*, **21** (1972), 45-50.

[68] I. H. Sloan and H. Woźniakowski, When are quasi-Monte Carlo algorithms efficient

for high dimensional integrals, *Journal of Complexity*, **14** (1998), 1-33.

[69] I. H. Sloan, X. Wang, and H. Woźniakowski, Finite-order weights imply tractability of multivariate integration, *Journal of Complexity*, **20** (2004), 46-74.

[70] I. M. Sobol', The distribution of points in a cube and the approximate evaluation of integrals, *USSR Computational Mathematics and Mathematical Physics*, **7** (1967), 86-112.

[71] I. M. Sobol', Calculation of improper integrals using uniformly distributed sequences, *Soviet Mathematics. Doklady*, **14**(3) (1973), 734-738.

[72] I. M. Sobol', Sensitivity estimates for nonlinear mathematical models, *Matematicheskoe Modelirovanie*, **2** (1990), 112-118. (in Russian), English translation in: *Mathematical Modeling and Computational Experiment*, **1** (1993), 407-414.

[73] I. M. Sobol', *A Primer for the Monte Carlo Method*, CRC Press, 1994.

[74] I. M. Sobol', On quasi-Monte Carlo integrations, *Mathematics and Computers in Simulation*, **47** (1998), 103-112.

[75] I. M. Sobol' and D. I. Asotsky, One more experiment on estimating high-dimensional integrals by quasi-Monte Carlo methods, *Mathematics and Computers in Simulation*, **62** (2003), 255-263.

[76] I. M. Sobol' and B. V. Shukhman, Quasi-Monte Carlo: a high-dimensional experiment, *Monte Carlo Methods and Applications*. **20**(3) (2014), 167-171.

[77] O. Strauch and Š. Porubský, *Distribution of Sequences: A Sampler*, Peter Lang, 2005.

[78] R. C. Tausworthe, Random numbers generated by linear recurrence modulo two, *Mathematics of Computation*, **19** (1965), 201-209.

[79] S. Tezuka, Walsh-spectral test for GFSR pseudorandom numbers, *Communications of the ACM*, **30** (1987), 731-735.

[80] S. Tezuka, On the discrepancy of GFSR pseudorandom numbers, *Journal of the ACM*, **34** (1987), 939-949.

[81] S. Tezuka, A heuristic approach for finding asymptotically random GFSR generators, *Journal of Information Processing*, **10** (1987), 178-182.

[82] S. Tezuka, On optimal GFSR pseudorandom number generators, *Mathematics of Computation*, **50** (1988), 531-533.

[83] S. Tezuka. Random number generation based on the polynomial arithmetic modulo two. *Research Report* RT0017, IBM Tokyo Research Laboratory, 1989.

[84] S. Tezuka, Polynomial arithmetic analogue of Halton sequences, *ACM Transactions on Modeling and Computer Simulation*, **3** (1993), 99-107.

[85] S. Tezuka, The k-dimensional distribution of combined GFSR sequences, *Mathematics of Computation*, **62** (1994), 809-817.

[86] S. Tezuka, A generalization of Faure sequences and its efficient implementation,

Research Report, RT0105, IBM Tokyo Research Laboratory, 1994.

[87] S. Tezuka, *Uniform Random Numbers: Theory and Practice,* Kluwer Academic Publishers, 1995.

[88] S. Tezuka, Financial applications of Monte Carlo and quasi-Monte Carlo methods, In *Random and Quasi-Random Point Sets*, Lecture Notes in Statistics, **138**, Springer, (1998), 303-332.

[89] S. Tezuka, On the necessity of low-effective dimension, *Journal of Complexity*, **21** (2005), 710-721.

[90] S. Tezuka, On the discrepancy of generalized Niederreiter sequences, *Journal of Complexity*, **29** (2013), 240-247.

[91] S. Tezuka, Hybridization of van der Corput sequences and polynomial Weyl sequences, *Uniform Distribution Theory*, **8**(2) (2013), 29-38.

[92] S. Tezuka, Improvement on the discrepancy of $(t, \mathbf{e}, s)$-sequences, *Tatra Mountains Mathematical Publications*, **59** (2014), 27-38.

[93] S. Tezuka, Tractability of multivariate integration using low-discrepancy sequences, *Uniform Distribution Theory*, **11**(2) (2016), 23-43.

[94] S. Tezuka and S. Harase, Improving the high-dimensional uniformity of Mersenne Twister, presented at *the 6-th International Conference on Monte Carlo and Quasi-Monte Carlo Methods* (MC2QMC2004), Juan-les-Pins, (June, 2004). または、*Research Report*, RT-0595, IBM Tokyo Research Laboratory, 2005.

[95] S. Tezuka and A. Papageorgiou, Exact cubature for a class of functions of maximum effective dimension, *Journal of Complexity*, **22** (2006), 652-659.

[96] S. Tezuka and T. Tokuyama, A note on polynomial arithmetic analogue of Halton sequences, *ACM Transactions on Modeling and Computer Simulation*, **4** (1994), 279-284.

[97] S. Tezuka and Y. J. Wong, Ising model simulations with two classes of random number generators, *Research Report*, RT-0104, IBM Tokyo Research Laboratory, 1994.

[98] S. Tezuka, P. L'Ecuyer, and R. Couture, On the lattice structure of the add-with-carry and subtract-with-borrow random number generators, *ACM Transactions on Modeling and Computer Simulation*, **3** (1994), 315-331.

[99] H. Toda, An optimal rational approximation for normal deviates for digital computers, *Bulletin of the Electrotechnical Laboratory*, **31**(12) (1967), 1259-1270.

[100] J. P. R. Tootill, W. D. Robinson, and D. J. Eagle, An asymptotically random Tausworthe sequence, *Journal of the ACM*, **20** (1973), 469-481.

[101] J. F. Traub and A. G. Werschulz, *Complexity and Information*, Cambridge University Press, 1998. 日本語訳:『複雑性と情報——金融工学との接点』, 共立出版, 2000.

[102] J. F. Traub, H. Woźniakowski, and G. Wasilkowski, *Information-Based Complexity*, Academic Press, 1988.

[103] J. G. van der Corput, Verteilungsfunktionen I, *Proc. Nederl. Akad. Wetensch. Ser. B* **38** (1935), 813-821.

[104] J. G. van der Corput, Verteilungsfunktionen II, *Proc. Nederl. Akad. Wetensch. Ser. B* **38** (1935), 1058-1068.

[105] B. L. van der Waerden, Beweis einer Baudetschen Vermutung, *Nieuw Archief voor Wiskunde*, **15** (1927), 212-216.

[106] I. Vattulainen, T. Ala-Nissila, and K. Kankaala, Physical tests for random numbers in simulations, *Physical Review Letters*, **73** (1994), 2513-2516.

[107] G. W. Wasilkowski and H. Woźniakowski, Explicit cost bounds of algorithms for multivariate tensor product problems, *Journal of Compexity*, **11** (1995), 1-56.

[108] G. W. Wasilkowski and H. Woźniakowski, The exponent of discrepancy is at most 1.4778..., *Mathematics of Computation*, **66** (1997), 1125-1132.

[109] H. Weyl, Über die Gleichverteilung von Zahlen mod. Eins, *Mathematische Annalen*, **77** (1916), 313-352.

[110] H. Woźniakowski, Average case complexity of multivariate integration, *Bulletin of the AMS*, **24** (1991), 185-194.

[111] H. Woźniakowski, Tractability of multivariate problems, In *Foundations of Computational Mathematics, Hong Kong 2008*, Cambridge University Press, (2009), 236-276.

[112] C. Xing and H. Niederreiter, A construction of low-discrepancy sequences using global function fields, *Acta Arithmetica*, **73** (1995), 87-102.

索引

AWC/SWB, 37–39, 41, 43, 44

Bakhavalov の定理, 128, 137, 153
Baum–Sweet 列, 122
Birthday Paradox, 9
Black–Scholes 公式, 189, 190
Buffon の針, 13
Buffon の麺, 3, 16

Chernoff–Hoeffding の定理, 73

double recursion 法, 93, 95, 98, 102, 111–113

ε 複雑性, 148, 152, 153, 155, 157

Faure 列, 88, 94, 96, 97, 107, 111, 159
Ferrenberg らの結果, 46, 59, 64, 68
Fibonacci 多項式, 117

$GF\{b, z\}$, 49–51, 95, 119–121
GFSR 法, 22, 44, 60
Gilbert–Shannon シャッフル, 4, 6–8, 10, 21
Gilbert–Shannon の定理, 8
Great Open Conjecture, 86, 87, 90, 93, 123

Hadamard 行列, 75
Halton 列, 90, 98, 104, 106, 110, 113, 123, 182, 184
Halton–Atanassov 列, 113

IBC(Information-based complexity), iv, 128, 141, 145, 146, 148, 152, 153, 158, 176

Koksma–Hlawka の定理, 139, 161, 192
Kronecker 列, 79, 119, 123, 124
Kronecker 積, 76

Lenstra のアルゴリズム, 54, 55, 62, 63

M 系列, 45, 46, 49, 56, 60, 93
MBS(mortgage-backed securities), 128, 129, 158

Mersenne Twister, 63–66, 68

Ramsey の定理, 72
Richtmyer 列, 123

signed splitting 法, 105, 108, 113
Smolyak の公式, 127, 128, 135, 137, 157
Sobol' 列, 92, 96, 104, 107, 111, 116, 119, 166, 170, 173, 176

Tausworthe 乱数, 46, 49, 51–53, 55–62
Tractability 理論, 105, 176, 177, 187

van der Corput の予想, 83, 84, 86
van der Corput 列, 81, 90, 96, 191
van der Waerden の定理, 77, 83

Weyl の規準, 35, 79
Weyl 列, 79, 84

XOR（ビットごとの排他的論理和), 45, 55, 59, 65

Zaremba–Sobol' の等式, 162, 177, 186

ア
一次元積分問題, 141, 150
一様分布論, 71, 79, 83, 123
一般化 Faure 列, 97
一般化 Halton 列, 90
一般化 Niederreiter 列, 95–97, 104, 123
一般化 Sobol' 列, 97
一般化 van der Corput 列, 90
インターリーブ, 5
オーダー, 26

カ
基底多項式, 98
強多項式 tractable, 177, 181, 182, 184, 185
局所ディスクレパンシー, 85, 109, 162
擬似一様乱数, 22

組合せディスクレパンシー, 71
原始元, 26
高次元積分問題, 152–154, 165

サ

最悪ケースの設定, 147, 148, 150, 152, 154, 176–178, 186, 187
次元の呪い, 127, 132, 138, 158
四項分布, 7
実効次元, 171–173, 175, 176, 179
情報複雑性, 148–150, 177, 186, 187
上昇列数, 7
情報, 145
スターディスクレパンシー, 80, 85
スペクトル検定, 30, 33–35, 37, 44, 52, 53, 57, 62, 66
生成行列, 92
積形式の重み, 180
ゼロアルゴリズム, 157, 179
漸近的にランダム, 48, 58, 66, 67
線形合同法, 22, 24, 25, 36, 48
双対ラティス, 33, 52

タ

多項式 Halton 列, 98, 101, 104, 107, 111, 113, 116
多項式 Kronecker 列, 120
多項式線形合同法列, 48
多項分布, 6
多重基底 (t, e, s) 列, 103, 105, 110, 182, 185
超一様分布列, iv, 89–91, 94, 95, 98, 103, 139, 158, 176, 192
寺尾の公式, 13, 14, 18, 19
寺尾の問題, 10, 22
デランダマイゼーション, iii, iv, 71, 73, 74, 78, 83, 128
ディスクレパンシー, 71, 79, 140, 161, 171, 177, 181
戸田の近似式, 24

ナ

二項分布, 6

ハ

パーフェクト・シャッフル, 3, 21
プロダクトルール, 127, 128, 132, 134, 135, 137, 139
平均的ケースの設定, 147, 154, 155, 157, 158

マ

モンテカルロ法, 13, 19, 127, 128, 132, 138, 139, 154, 157, 165, 166, 170, 173, 184

ヤ

有限オーダーの重み, 182
四色定理, 72

ラ

ラティス構造, 27, 30, 35, 40, 43, 49, 55, 57, 60
ランダマイゼーション, iii, 3, 21, 73, 158
リフル・シャッフル, 4

著者略歴

手塚　集（てづか　しゅう）

1979 年　東京大学工学部計数工学科卒業
1981 年　東京大学大学院工学系研究科修士課程終了
1986 年　論文により工学博士（東京大学）
1982 年〜2005 年
　日本アイ・ビー・エム東京基礎研究所研究員
2005 年　九州大学数理学研究院教授
現在，九州大学マス・フォア・インダストリ研究所教授

IMI シリーズ：進化する産業数学 1
確率的シミュレーションの基礎

ⓒ 2018 Shu Tezuka
Printed in Japan

2018 年 1 月 31 日　初版第 1 刷発行

著　者　　手塚　集
発行者　　小　山　透
発行所　　株式会社　近代科学社

〒162-0843　東京都新宿区市谷田町 2-7-15
電　話　03-3260-6161　振　替　00160-5-7625
http://www.kindaikagaku.co.jp

藤原印刷　　ISBN978-4-7649-0557-3
定価はカバーに表示してあります．